아인슈타인의
상대성 이론

이 열 지음

홍릉과학출판사

머리말

상대성이론은 1905년에 공표된 특수상대성이론과 1916년에 발표된 일반 상대성이론의 두 이론체계로 구성되어 있다. 전자는 관성계에 한정된 상대성이론이고, 후자는 이 이론의 적용범위를 일반 기준계로 까지 확장해 놓은 중력장을 다루는 이론이다. 이들 이론은 다 같이 한 사람의 천재 물리학자 Albert Einstein에 의해 구축된 것으로, 시간공간에 대한 20세기 물리학의 새로운 체험을 담아낸 이론이다.

이 책은 저자가 2003년에 펴낸『시간공간의 물리학』의 자매편으로, 거기서 다루었던 특수상대성 이론에 관한 부분만을 추려내어 옮겨 쓰고, 책의 성격상 거기에 못다 채운 내용들을 보충하고 보완 가필하여 따로 된 한 권의 책으로 엮어낸 특수상대성 이론의 압축판이다. 편의상 전체를 6 장으로 나누어 놓았으나, 전체를 관통하는 이 이론의 가장 중요하고 기본적인 논제들은 대부분 빠짐없이 수록하여 비교적 상세하게 서술해 놓았다. 특히 Einstein의 그 독보적인 착상과 정곡을 찔러 낸 논리, 그리고 그가 보여준 그 독창적인 방법론적 모색 등, 이 이론의 존립근거로서 시간공간의 속성과 그 물리적 실재성에 관한 논제는 대부분 제1장과 2장에 요약되어있어, 특히 이 부분에 많은 지면을 할애하여 보다 소상히 해설해 놓았다. 더욱 제3장의 "시공세계의 기하학적 해석"은 4차원 시공세계를 현실과 결부시켜 그림으로 설명해 놓은 체험의 장이다.

이를 통해 우리는 새로운 세계상의 계량구조와 그 이례적인 계량단면을 체득할 수 있다. 다만 여러 가지 사정이 여의치 않아 수식과 그래픽에서 보다 선명하고 정확한 것을 준비해 놓지 못했다는 것이 못내 아쉬웠음을 밝혀 둔다.

끝으로 이 책의 원고를 완성함에 있어, 교정과 편집, 그래픽 등을 도맡아 주신 홍릉과학출판사 직원 여러분께 깊은 사의를 보낸다.

2008. 12

이 열

차 례

Einstein 의 상대성 이론

그 물리적 철학적 문화심리학적 헤게모니

자연현상을 기술함에는 이를 지켜보는 관측자의 편의에 따라 기준 좌표계를 설정하지 않으면 안 된다. 이 기준좌표계는 관측자와 관측대상을 포용하는 어느 유한한 공간영역을 지정한다. 이 기준좌표계를 K라 하고, 이 K 공간 영역 안에서 일어나는 물질 입자의 운동을 떠올려 보자. 그러면 이 K를 기준으로 입자의 위치, 속도, 운동량, 운동에너지 등을 시간의 함수로서 나타낼 수 있다. 물리법칙은 이들 물리량 상호간을 얽어매어 통제하고, 제어하는 세계 질서의 규칙성을 의미한다. 이를 우리는 **자연법칙**이라 하고, 그 법칙성을 한 개 또는 몇 개의 방정식으로 나타내어 정식화(定式化) 하고 있다.

그런데 만일 이 동일한 입자의 운동을 또 하나의 다른 기준계 $\overline{K}$에서 지켜보았다고 하면, 위치, 속도, 운동량, 운동에너지 등의 물리량은 위의 K계에서 얻은 것과는 달라진다. 그러나 이들 물리량을 통제하며 제어하는 규칙성은 달라 질 수 없다. 상대성 원리는, 모든 물리법칙은 이를 지켜보며 관측하는 준거계의 특별한 선정과 관계없이 어느 기준계에 관해서도 같은 법칙, 같은 형식의 같은 방정식이 되지 않으면 안 된다는, 좌표 변환에 대한 물리법칙의 불변성의 요구이다. 이 요구는 위에서 인용한 두 기준계 K와 $\overline{K}$계가 서로 상대적으로 등속운동을 하는 경우에 대해서도 구속력을 갖는다. 다시 말해서 자연법칙은 서로 상대적으로 등속 운동을 하는 K와 $\overline{K}$계의 어느 준거계에 관해서도 같다. 이를 우리는 **상대성 원**

리라 한다.

가령 한국의 어느 대학실험실에서 성립되었던 어떤 물리법칙이 일본이나 미국에서는 꼭 같은 실험이 성립되지 않는다거나, 혹은 지상에서 얻어진 어떤 물리법칙이 지구 밖의 어느 다른 천체에서는 성립되지 않는다면, 그런 것을 우리는 물리법칙이라 할 수는 없다. 따라서 상대성 원리는 물리법칙의 보편성과 객관성을 담보하는 것으로서, 이는 자연법칙이 갖추어야 할 필수 요건이라 할 수 있다. 따라서 **모든 물리법칙은 좌표변환에 불변인 방정식이 되지 않으면 안 된다**.

한편 빛 전달 속도는 빛을 내보내는 광원의, 관측자에 대한 상대적 운동 상태와는 관계없이, 어느 계에 대해서도 같고, 또 그 빛의 진행방향과도 관계없이 어느 방향으로도 같다. 이 가정을 우리는 **광속불변의 원리**라 한다. 이 원리는 실험 결과에 근거한 것으로 빛 전달 특성에 대한 현실세계의 경험을 담보하고 있다. 상대성 이론은 위에서 정의한 상대성 원리와 광속 불변의 원리를 다 같이 만족하는 물리법칙의 기준계 상호간의 변환관계를 다루는 이론이다. 그러니까. 이 이론은 어느 특정한 기준계 K에 한정된 물리법칙만을 다루는 것이 아니라, 같은 대상을 기준좌표계 K와, 이 K에 대하여 상대적으로 일정속도의 등속운동을 하고 있는 다른 기준계 $\overline{K}$에 대한 대응법칙도 추리하며 K계의 법칙과 함께 비교 연구하는, 말하자면 물리법칙의 특별한 주제에 관해 K와 $\overline{K}$계의 대칭성을 연구하는 이론이라 할 수 있다. 그것은 마치 사물을 한 측면에서만 보고 판단하기보다 다른 측면도 함께 엿보며 관찰함으로써 보다 객관적이고 일반적인 세계질서의 보편성을 탐구하는 20세기 물리학의 새로운 체험을 담아낸 이론이다.

사실, 물리법칙에 관한 상대성 원리는 Einstein 이 처음 제창한 것은 아니다. 운동역학에 관한 Newton 의 운동법칙은 광속불변의 원리와는 무관하게 Galilei 변환으로 상대성 이론이 Einstein 이전에 이미 완성되어 있었다. 다만 19세기에 정립된 전자법칙(電磁法則) 에 관한 Maxwell 이론의 등장으로 전자장에 관한 파동방정식이, 빛 전달매체로서의 æther 학설과 충돌하면서 그 물리적 해석을 둘러싼 의문이 풀리지 않는 가운데 Lorentz 는 Michelson-Morley 의 실험 결과를 바탕으로 Maxwell 방정식을 불변으로 하는 좌표변환식을 도출해 냈고(1904), 이어 이 변환식으로부터 속도 가법의 원리도 Poincare 에 의해 도출해 내는 등, 전자법칙에 관한 상대성 이론의 건립작업이 부분적이기는 하나 일부 시도되고 있었다.

그런데 이 무렵 이와는 별도로 빛 전달 속도는 지구의 상대적 운동에도 불구하고 지상에서 조차 어느 방향으로도 같은 것으로 검출되었다는 Michelson-Morley 의 실험 결과에 주목한 Einstein 은, 위의 Lorentz 와는 별도로, 전혀 다른 견지에서, 운동물체에서의 빛 전달 특성과 관련하여 대담하고도 독보적인 착상과 추론으로 물리법칙을 떠받치고 있는 시간공간의 위상과 그 역할을 규명해 낸 논문을 발표하여 학회에 비상한 주목을 불러 일으켰다. 이것이 1905년에 공표된 Lorentz 와 Poincare 의 눈길을 잡아 놓은 **Einstein 의 특수상대성 이론**이다.

Einstein 은 이 논문에서 무엇보다 빛 전달속도의 불변성을 자연의 보편적 원리로서 그 당위성을 직감하고, 그 누구도 미쳐 생각해 본 일이 없는 시간공간에 대한 새로운 이해와 그 물리적 구성요건을 논리적 추론으로 규명해 내는 한편, 서로 상대적으로 운동상태에 있는 모든 관측자가 공유할 수 있는 하나의 통일된 Newton 류의 기준 시간과 공간은 실질적으로 존재할 수 없음을 증명해냈다. 이는 곧 개개의 관측자는 그들 스스로가 독립적으로 자기계에 속하는 시간공간을 기준으로 자연현상을 관측하고 기술하는 것을 당연한 원칙으로 허용하는 원리의 발견이다. 이것이 곧 넓은 의미의 Einstein 의 상대성 원리이다.

이 원칙을 바탕으로 Einstein 은 수리학적 해석으로 Lorentz 가 Maxwell 방정식으로부터 탐색해 낸 그 동일한 변환식을 도출해 내고, 이것으로부터 시간공간의 구조와 그 물리적 역할이 무엇인지를 석명(釋明)해 내는 한편, 태생적 제약으로 그 유효성에 한계가 있을 수 밖에 없는 Newton 이론을 수정하여, 이를 광속불변의 원리가 성립되는 경험적 현실세계의 기반위에 이식해 놓으므로서, 그 존립기반을 서로 달리하고 있는 Newton

이론과 Maxwell 이론을 한데 묶는 접목의 논리를 찾지 못해 미완에 머물러 있던 고전물리학의 난제를 일거에 해결해 놓았다. 이로서 질량은 곧 에너지라는 등식 : $E=mc^2$ 이 핵 분열 실험에서 나타나는 질량결손 현상을 정확히 설명해 주고, 에너지 관성의 원리를 비롯하여 질량의 속도 의존성, 고속 입자에 관한 동력학적 해석이 높은 에너지를 다루는 여러 형태의 실험에서 상당한 정도(精度)로 그 결과가 명확히 설명될 수 있었다는 것은 바로 이 이론이 지닌 저력과 그 잠재력의 발로이다.

20세기 물리학의 새 지평을 열어놓은 이 이론이 현대물리학을 떠받치고 있는 하나의 중요한 버팀목으로 자리 잡고 있다는 것은, 그 만큼 이 이론이 현대물리학에서 차지하는 위상과 비중이 지대하다는 것을 의미한다. 그러나 간과해서는 안 될 Einstein 이론이 보여준 또 다른 측면의 성과는, 20세기 철학사상 – 특히 자연철학의 기저를 크게 바꾸어 놓았다는데 있다. 그것은 물질 · 운동 · 시간 · 공간 · 인과관계와 같은 자연과학의 가장 기본적인 요인들에 대한 이해와 인식에 일부 오류가 있음을 적시하고, 자연을 관장하는 세계의 구조가 4차원 시공연속체임을 밝혀냄으로써, 물리적 세계상에 대한 새로운 인식과 함께, 세상을 바라보는 자연관의 밑그림을 크게 바꾸어 놓았다는 점에서, 인류문화사에서 물리학의 임무와 역할이 무엇이며, 철학적 지식의 한계가 어떤 것인지를 가장 극명하게 보여준 이론이 바로 이 Einstein 의 특수상대성 이론이라는 것이다.

제 1 장 운동법칙과 Newton 이론의 수난

□ 1. 관성의 법칙

외부의 영향이나 힘의 작용이 없으면 모든 물체의 동역학적(動力學的) 상태는 현재의 상태 그대로를 지속한다.

즉, 정지하고 있는 물체는 정지한 상태 그대로, 운동 상태에 있으면 현재의 그 운동방향 그 속도 그대로의 운동을 지속한다. 이를 우리는 **관성의 법칙**이라고 하고, 이 관성의 법칙이 성립되는 공간 영역을 **관성계**라 한다. 물체가 지닌 이 같은 동역학적 속성을 Newton 은 질점의 개념을 도입하여 다음과 같이 2계(階)의 미분방정식으로 기술해 냈다.

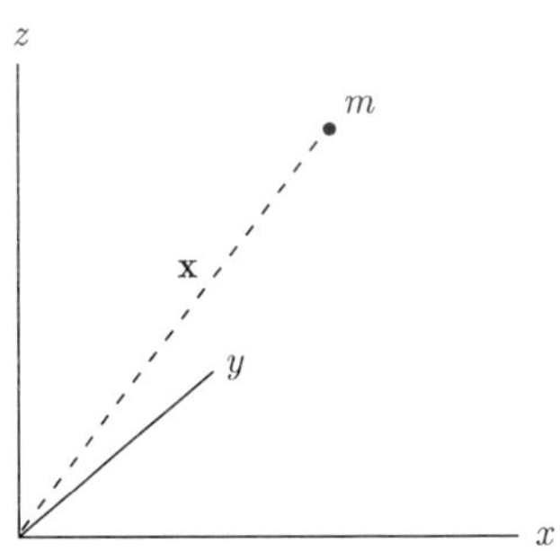

지금 물체가 지닌 질량을 m, 그 위치를 동경벡터 $\mathbf{x}(x,\ y,\ z)$ 로 나타냈을 때,

$$m\frac{d^2\mathbf{x}}{dt^2}=\boldsymbol{F} \qquad (1)$$

이 식 우변 $\boldsymbol{F}$는 외부로부터 물체에 작용하는 힘이다. 이 식은 힘의 물리적 의미를 규정하는 한편, 힘의 운동지배의 원리를 담고 있는 **운동방정식**이다.

만일 $\boldsymbol{F}=0$ 이면, 즉 외부로부터 아무런 힘의 작용이 없으면

$$\frac{d^2\mathbf{x}}{dt^2}=0 \qquad (2)$$

이 된다.

이 식의 t는 이 식이 성립되는 기준계의 시간이고, $\mathbf{x}$는 질점의 위치를 지정하는 이 기준좌표계의 동경(動經)벡터이다. (2)식을 적분하면

$$\frac{d\mathbf{x}}{dt}=\mathbf{v}\ (\text{일정}) \qquad \mathbf{x}=\mathbf{v}t+\mathbf{a}\ \ (\mathbf{a}\text{는 적분 정수}) \qquad (3)$$

를 얻는다.

위 첫째 식은 속도 $d\mathbf{x}/dt$는 일정치 $\mathbf{v}$임을 나타내고, 그 둘째 식은 질점의 운동궤적을 나타낸다. 이는 점 $\mathbf{a}$를 기점으로 한 일정속도 $\mathbf{v}$인 직선 운동을 나타낸다. 그러니까 $\mathbf{v}=0$이면, 즉 정지하고 있는 물체는 점 위치 $\mathbf{a}$에 머문 채 시간 t와 관계없이 거기 그 자리에 정지한 상태 그대로를 지속한다는 뜻이다.

이처럼 운동이란, 비단 움직이는 물체에 한하지 아니하고 정지 상태에 있는 것까지를 포함하는 개념으로, 언제 어디서나 그 기준좌표계의 시간 t와 함께 그 물체의 위치를 지정하는 3개의 공간좌표 x, y, z를 시간 t의 함수로서 주워지는 표현형식을 취한다.

이것으로부터 우리는 모든 물리 실체는 언제 어디서나 운동이라는 형태로 존재함을 알게 된다. 그러니까 **운동은 모든 사물의 존재형태라 할 수 있다**.

□ 2. 운동역학의 상대성과 Galilei 변환

지금 질점의 점 위치를 기준좌표계 K에 관한 시간 t와 공간좌표 $\mathbf{x}(x, y, z)$로서 주어졌다고 했을 때, 이 계에 대하여 일정속도 $\boldsymbol{V}$로 직선 운동을 하고 있는 또 하나의 다른 기준계 $\overline{K}$의 시간 $\bar{t}$와 공간좌표 $\overline{\mathbf{x}}(\bar{x}, \bar{y}, \bar{z})$로는 어떻게 기술되는 지에 관해 생각해 보자.

지금 두 좌표계 K와 $\overline{K}$계의 각 좌표축을 서로 평행하게 설정하고 좌표축의 뒤틀림 없이, $\overline{K}$계가 K계에 대하여 일정속도 $\boldsymbol{V}(V_x, V_y, V_z)$로 질주하고 있는 경우를 떠올려 보자. 이것을 그림으로 나타내면 다음과 같이 그려낼 수 있다.

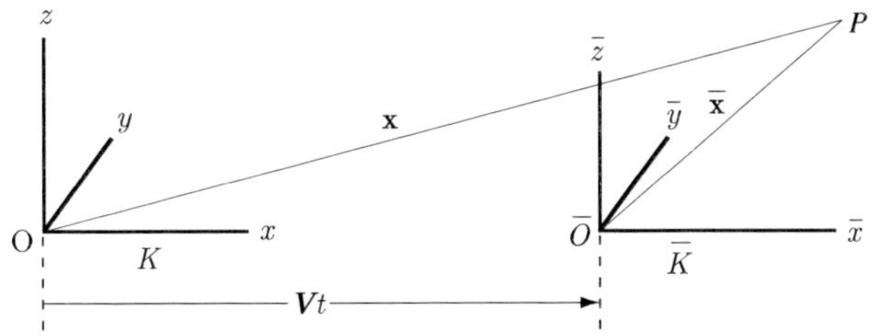

이것으로부터 우리는 다음 관계식을 얻는다. 즉

$$\overrightarrow{OP} = \overrightarrow{O\bar{O}} + \overrightarrow{\bar{O}P}$$

이 성립될 것이므로, 이들 벡터의 각 성분은 모든 시각 t 에서

$$\overrightarrow{OP} = \mathbf{x}(x,\ y,\ z),\ \ \overrightarrow{O\bar{O}} = \mathbf{V}t(V_x t,\ V_y t,\ V_z t),\ \ \overrightarrow{\bar{O}P} = \bar{\mathbf{x}}(\bar{x},\ \bar{y},\ \bar{z})$$

이고, 특별히 $V_x = V,\ V_y = V_z = 0$ 이면, 윗 식은

$$\begin{array}{lcl} x = Vt + \bar{x} & \text{혹은} & \bar{x} = x - Vt \\ y = \bar{y} & & \bar{y} = y \\ z = \bar{z} & & \bar{z} = z \\ t = \bar{t} + b & & \bar{t} = t - b \end{array} \tag{4}$$

이는 두 기준좌표계 K 와 $\bar{K}$ 사이의 시간과 공간좌표의 변환관계를 나타낸다. 이를 우리는 **Galilei 변환**이라 한다.

Galilei 변환의 물리적 특성으로 우리는 다음 두 가지의 특징을 들 수 있다. 첫째로 이 변환식에서 우리는 두 기준계 K 와 $\bar{K}$ 의 시간 t 와 $\bar{t}$ 를 같은 시간으로 잡았다. 즉 질주하는 $\bar{K}$ 계의 시간 $\bar{t}$ 는, $\bar{K}$ 계의 운동 상태와는 관계없이 모든 시점에서 K 계의 시간 t 와 완전히 같은 동일한 시간임을 가정하고 있다. 다만 시간의 지침을 K 계의 시간 $t=0$ 일 때 $\bar{t}=b$ 이 되게 잡아놓았을 뿐이다.

이처럼 시간의 흐름이 (시간 간격이) 기준계의 운동상태와는 관계없이 모든 기준계에 다 같이 통용되는 시간을 우리는 **절대시간**이라 한다.

다음은 $\overline{K}$ 계에 놓인 강체 막대기의 길이를 K 계에서 보았을 때 어떤 값으로 읽어지는지에 대하여 알아보자. 지금 $\overline{K}$ 계에서 두 끝의 좌표가 $\overline{x}_1$, $\overline{x}_2$ 인 강체 막대기가 $\overline{x}$ 좌표축과 평행하게 놓여있다고 하자. 그러면 이 강체 막대기의 길이는 $\overline{K}$ 계에서는 그 두 끝점의 좌표차 $(\overline{x}_2 - \overline{x}_1)$ 로서 구해진다. 그런데 이들 두 끝점 $\overline{x}_1$, $\overline{x}_2$ 에 대응하는 K 계의 좌표를 각각 x_1, x_2 라 하면 Galilei 변환식 (4) 에 따라 x_1, x_2 는 K 계의 모든 시각에서 각각

$$x_1 = Vt + \overline{x_1}, \quad x_2 = Vt + \overline{x_2}$$

로서 주어진다. 따라서 이들 두 식으로부터 대응점의 좌표차 $(x_2 - x_1)$ 를 구하면

$$(x_2 - x_1) = (\overline{x}_2 - \overline{x}_1)$$

그러니까 $\overline{K}$ 계의 강체 막대기의 길이는 K 계에서 보아도 (관측해도) 같다. 만일 $\overline{K}$ 계에 놓여있는 강체 막대기가 $\overline{x}$ 축에 평행하게 놓인 것이 아니고, 아무렇게나 놓여있어 그 두 끝의 좌표가 각각 $(\overline{x}_1, \overline{y}_1, \overline{z}_1)$ 와 $(\overline{x}_2, \overline{y}_2, \overline{z}_2)$ 로서 주어졌다면, $\overline{y}$, $\overline{z}$ 성분은 Galilei 변환에서 불변이므로 (4) 에 따라

$$(y_2 - y_1) = (\overline{y}_2 - \overline{y}_1)$$

$$(z_2 - z_1) = (\overline{z}_2 - \overline{z}_1)$$

이 된다. 그런데 강체 막대기의 길이 l 은 이들 성분의 제곱을 더한 값의 평방근으로 구해지므로, 위의 결과로부터 강체 막대기의 길이 l 은,

$$\begin{aligned} l^2 &= (x_2 - x_1)^2 + (y_2 - y_1)^2 + (z_2 - z_1)^2 \\ &= (\overline{x}_2 - \overline{x}_1)^2 + (\overline{y}_2 - \overline{y}_1)^2 + (\overline{z}_2 - \overline{z}_1)^2 \end{aligned} \tag{5}$$

이 성립된다.

이는 강체 막대기의 길이는 Galilei 변환에서 불변함을 뜻한다. 그러니까 $\overline{K}$ 계에 고정된 강체 막대기의 길이는 K 계에서 관측해도 같은 길이로 읽

어진다.

이 결과로부터 $\overline{K}$계에 묶여 $\overline{K}$계와 함께 질주하는 물체의 크기 또는 간격은, 계의 상대속도 $\boldsymbol{V}$와는 관계없이 어느 계에서 보아도 $\overline{K}$계와 같은 크기 같은 간격으로 읽어진다. 즉 물체의 길이나 혹은 그 자체의 크기(부피)는 어느 계에서 관측해도 같다.

다음은 등속 운동을 하는 기준계 $\overline{K}$에서도 관성의 법칙이 성립되는지에 대해 생각해 보자.

지금 운동상태에 있는 질점이 있다고 하고, 시간 t에서 이 질점의 위치를 $\overline{K}$계에 관해서는 $\overline{\mathbf{x}}(\overline{x},\ \overline{y},\ \overline{z})$, K계에 관해서는 $\mathbf{x}(x,\ y,\ z)$ 라 하자.

이때 $\overline{\mathbf{x}}$ 와 $\mathbf{x}$ 는 Galilei 변환 (4) 식에 의해 관계지어지고, 시간 t는 K와 $\overline{K}$계에서 다 같이 통용되는 시간이므로 (4) 의 양변을 시간 미분하면

$$\frac{dx}{dt} = V + \frac{d\overline{x}}{dt}$$
$$\frac{dy}{dt} = \frac{d\overline{y}}{dt} \tag{6}$$
$$\frac{dz}{dt} = \frac{d\overline{z}}{dt}$$

여기서 $dx/dt = v_x$ 는 K계에 대한 이 질점의 속도이고, $d\overline{x}/dt = \overline{v}_x$는 $\overline{K}$계에 대한 이 질점의 속도이다. 따라서 위 첫째 식은

$$v_x = V + \overline{v}_x \tag{7}$$

로 바꾸어 쓸 수 있다.

이것으로부터 K계에 관한 이 질점의 x방향 속도 v_x는 이 질점의 $\overline{K}$계에 대한 속도 $\overline{v}_x$ 와, $\overline{K}$계의 K계에 대한 상대속도 V를 더한 것임을 알 수 있다. 이를 우리는 **속도 가법의 원리**라 한다.

(6)의 양변을 시간 t로 다시 한 번 미분하면

$$\frac{d^2x}{dt^2} = \frac{d^2\overline{x}}{dt^2} \qquad \therefore\ \frac{dv_x}{dt} = \frac{d\overline{v}_x}{dt} \tag{8}$$

이것은 $\overline{K}$계에 대한 가속도는 (만일 관측대상의 물체가 가속운동을 하고 있다면) K에 대해서도 같은 가속도로 관측된다는 뜻이다. 그러니까 $\overline{K}$계에 대한 가속도가 $d^2\overline{x}/dt^2=0$ 이면, 이는 K계에 대해서도 $d^2x/dt^2=0$이 된다. 이 결과로부터 우리는 $\overline{K}$계에 대해서도 K계에서와 마찬가지로 관성의 법칙이 성립됨을 알 수 있다. 그러니까 역학에 관한 운동방정식은 $\overline{K}$계에 관해서도 K계와 마찬가지로 성립된다는 것이 증명된 셈이다. 이로서 우리는 다음과 같은 결론을 얻는다.

가령 K계가 관성계이면, 이 K계에 대하여 상대적으로 일정속도로 질주하는 모든 기준계 $\overline{K}$도 관성계이다. 따라서 운동역학에 관한 모든 법칙은 어느 관성계에 대해서도 동일하게 성립된다. 이를 우리는 **고전역학에 관한 상대성 원리**라 한다.

등속운동을 하는 기준계 상호간은 그 등속운동이 원인이 되는 힘의 작용은 나타나지 않는다. 따라서 등속운동을 하고 있는 기준계와 함께 하고 있는 관측자로서는, 자기계가 운동 상태에 있는지 정지한 상태에 있는지에 대한 판단을 역학적 실험으로 알아낸다는 것은 불가능하다.

어디를 두고 진정한 정지계라 할 수 있을 것인지 우리는 그 누구도 그런 정지계에 있어 본 일이 없다. 그러나 만일 그런 정지계가 있다면 그 계는 위에서 다룬 그 어느 관성계에 대해서도 등속운동을 하는 상대계가 될 것이므로, 가령 그런 진정한 정지계가 있다면, 거기서도 역시 역학에 관한 모든 법칙이 정확히 성립될 것임을 Galilei 변환은 증명해준다. 이 같은 인식에 도달한 Newton은 그가 정립한 역학이론은, 지상과 같이 물체에 의존하는 이런 경험적 기준계로는 역학의 진정한 기준계로 삼을 수 없음을 깨닫고 Euclid 적인 사상에 입각하여 저 끝없이 뻗은 천공(天空) 어딘가에 자연의 출발점이라 할 수 있는 절대 정지 공간이 존재할 것이라는 믿음을 갖고 있었다. 그리하여 온 천체와 우주 모두를 아우르는 큰 그릇과도 같은 절대 정지 공간의 존재를 상정(想定)하고, 절대 시간과 함께 이를 역학이론의 원초적 발상기지로 삼았다. 이 같은 가상적 정지공간을 우리는 **Newton의 절대정지 공간**이라 한다.

□ 3. Newton 이론과 장이론의 충돌

Galilei 에 의해 확립된 관성의 법칙을 수식으로 기술해 내는데 성공한 Newton 은 3개의 항목으로 나누어진 **Kepler 의 법칙**을, 지구를 선회하는 달에 적용하여 탐색하는 과정에서, 달이 받는 가속도와 지상에서 물체가 받는 무게가 다 같이 질량에 비례함을 알고, 이것이 같은 성질의 힘이 아닐까? 하는 암시를 받고 마침내 **만유인력(萬有引力) 의 법칙**을 발견하는 개가를 올렸다.

이렇게 하여 수학에 정통한 Newton 에 의해 운동방정식과 만유인력의 법칙이 정립됨에 따라 고전 역학의 이론적 기반이 확립되었다. 그리하여 혹성의 운동을 비롯하여 지상에서 경험하는 많은 운동들이 이 이론으로 완벽에 가깝도록 설명해 낼 수 있게 되었다. 이어 18세기 후반에 접어들면서 Euler, Lagrange Hamilton 등 당대의 기라성 같은 수학자 물리학자들의 등장과, 그들의 연구성과에 힘입어 Newton 이론은 보다 정교하고 아름다운 이론체계로 다듬어지면서 **해석역학**이라는 이름으로 완성되어 정상(頂上)의 이론으로 추인되었다. 이에 따라 18세기를 풍미한 당대의 많은 과학자들과 물리학자들은 모두 이 Newton 이론에 경도되어, 자연과학 전반을 오로지 역학적 기초 위에서만 해석하려는 경향이 그들의 사고를 지배하고 있었다. 그러나 19세기에 접어들면서 Farady-Maxwell 에 의한 전자현상(電磁現像) 에 관한 장 이론이 등장하면서, 전자장도 파동이 존재함을 간파한 Maxwell 은 전자장에 관한 파동방적식을 도출해냄으로써 빛의 전자파설이 제창되었다. 이어 빛이 전자파임이 Hertz 의 실험으로 입증되면서, 사람들은 근접작용에 의해 전파되는 파동의 원리를 떠올리며 그 파동의 전달 매체로서 æther 이 존재할 것이라는 믿음을 갖게 되었다. 이에 따라 전자현상에 관한 상호작용이 모두 이 æther 를 매체로 하여 전달되는 것으로 해석한 나머지 Newton 이 가상한 절대정지공간이 바로 이 æther 를 모태로 하는 정지 공간일 것이라는 믿음을 갖게 되었다.

æther 의 존재를 가상하면 빛 전달속도 c 는 전달매체인 æther 에 대한

상대속도가 된다. 항성으로부터 별빛이 지구에 도달하는 것으로 미루어 우주공간은 아무것도 없는 빈 공간이 아니라 æther로 충만되어 있음이 분명하고, 또 æther는 질량을 지닌 물체의 운동은 방해하지 않으므로 그런 탄성매체는 질량을 지닌 물질공간이랄 수는 없다. 따라서 æther는 질량이 0인 매질이어야 한다.

이 같은 역학적 해석을 바탕으로 æther의 실체를 규명해 내기 위한 학자들의 탐색은 열을 올렸고, 온갖 가정과 가설을 전제로 한 여러 논문들이 여기저기서 발표되면서, 과히 백가쟁명의 æther 전국시대라 불릴 만큼 æther를 둘러싼 물리학계의 논쟁은 20 세기로 접어들기까지 이어지고 있었다.

□ 4. 마이켈손 모어레의 실험

æther의 존재를 가상하면 빛은 æther를 매체로 근접작용에 의해 전파되는 파동이라 할 수 있다. 따라서 빛 전달속도는 당연히 이 æther에 대한 상대속도가 된다. 지금 æther 이 항성계에 대하여 정지한 채 고요히 우주공간을 메우고 있다고 가정하고, 이 æther 계를 K라 하자. 그러면 빛 전달속도 c는 이 K계에 대한 광속이다. 지구는 이 æther로 충만된 태양계에서 초당 약 30 km의 속력으로 질주하고 있으므로 지상에서 관측되는 빛 전달속도는 빛의 진행방향에 따라 c가 아닌 다른 값으로 관측될 것임이 분명하다. 만일 지상에서 이 지구운동에 기인한 광속의 변화를 검출해 낼 수 있다면 그것은 곧 æther에 대한 지구의 상대속도를 검출해 내는 것이 된다. 이 지구운동에 기인한 빛 속도의 변화를 검출해 보려는 시도에 성공한 가장 유명한 실험이 **Michelson-Morley의 실험**이었다.

Michelson-Morley는 (1881~7) 빛 전달매체로서 æther의 존재를 가상하고, 지상에서의 빛 속도는 어떤 경우에도 지구운동에 기인한 영향이 나타날 것으로 믿고, 빛 간섭계를 이용한 매우 정교한 장치를 고안하여 오랜 기간에 걸쳐 다음과 같은 방법으로 지상에서의 빛 전달속도를 측정해 보았다.

그림은 지상에 설치된 이 장치의 구조와 원리를 간략하게 나타낸 것이다.

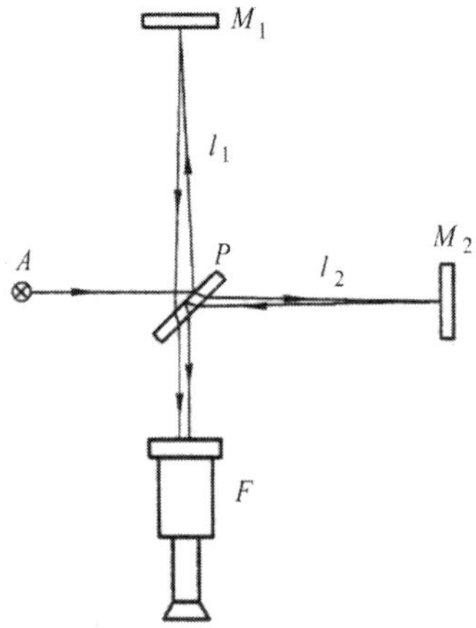

A : 광원, F : 빛간섭계
M_1, M_2 : 반사경, P : 반투명경

먼저 광원 A 에서 발사된 빛은 반투명경 P 에서 일부는 반사되어 꺾어지고 일부는 투과하여 서로 수직방향으로 갈라진다. 이렇게 갈라진 두 줄기의 빛은 반사경 M_1 과 M_2 에 의해 반사되어 다시 P 로 모아지고, 이 모아진 두 줄기의 빛을 빛 간섭계로 받아내어 그 위상차를 읽어내는 원리이다. 지금 정지 æther 내에서의 빛 전달속도를 방향과 관계없이 c 라 하고, 빛

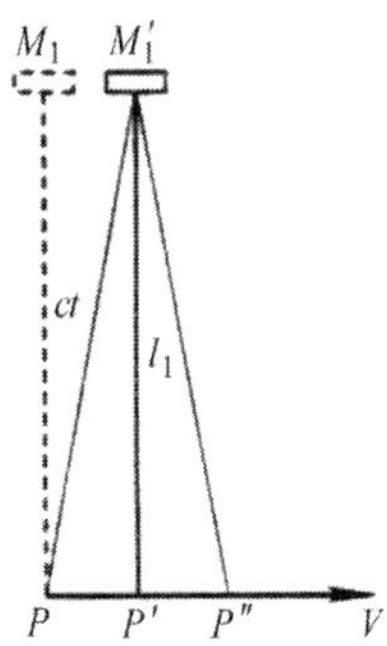

이 지구의 운동방향에 대해 수직으로 거리 l_1 을 왕복할 때, 소요되는 시간을 계산해 보자. V 를 æther 에 대한 지구의 상대속도라 하면, P 에서 출발한 빛이 M_1 에 이르는 실제 광로는 PM_1' 이고, 이 거리를 빛이 도달하는데 소요되는 시간을 t 라 하면, 거리 PM_1' 는 ct 이다.

그 t 시간 사이에 P 는 P' 까지 속도 V 로

이동하므로 $\overline{PP'}$ 는 Vt 이 된다. 따라서

$$(ct)^2 = l_1^2 + (Vt)^2$$

이 성립된다. 이것으로부터

$$t = \frac{l_1}{c}\frac{1}{\sqrt{1-\beta^2}} \qquad \text{단 } (\beta = \frac{V}{c})$$

빛이 M_1' 에서 반사되어 P'' 로 되돌아오는데 소요되는 시간도, 위의 t 와 정확히 일치할 것이므로, P를 출발한 빛이 M_1' 에서 반사되어 P'' 로 되돌아오는 데 소요되는 시간을 t_1 이라 하면

$$t_1 = \frac{2l_1}{c}\frac{1}{\sqrt{1-\beta^2}} \tag{9}$$

이번에는 빛이 지구의 운동방향과 같은 방향으로 놓인 팔의 길이 $\overline{PM_2} = l_2$ 를 왕복하는데 소요되는 시간을 계산해 보자. P, M_2 는 지구와 함께 속도 V로 질주하고 있으므로, P를 출발한 빛이 M_2 에 도달되는 시간을 t_F 라 하면, 이 t_F 동안 M_2 는 Vt_F 만큼 앞서가 있을 것이므로

$$ct_F = l_2 + Vt_F$$

$$\therefore\ t_F = \frac{l_2}{c-V}$$

M_2 에서 반사된 빛이 P에 되돌아오는 데 소요되는 시간을 t_R 라 하면, 이 t_R 동안 P는 Vt_R 만큼 가까이 다가와 있을 것이므로, $ct_R = l_2 - Vt_R$, 이것으로부터

$$t_R = \frac{l_2}{c+V}$$

따라서 빛이 지구의 운동방향과 같은 방향으로 놓인 거리 l_2 를 왕복하는데 소요되는 시간 : $t_2 = t_F + t_R$ 는

$$t_2 = \frac{l_2}{c - V} + \frac{l_2}{c + V} = \frac{2l_2}{c}\frac{1}{1-\beta^2} \tag{10}$$

만약 두 팔의 길이를 $l_1 = l_2 = l$ 로 같게 했을 때, 이들 두 갈래의 빛이 제각각 왕복하는데 소요되는 시간차는

$$t_2 - t_1 = \frac{2l}{c}\left(\frac{1}{1-\beta^2} - \frac{1}{\sqrt{1-\beta^2}}\right) \tag{11}$$

여기서 $\beta = V/c$ 는 대략 10^{-4} 정도이므로, β^2 보다 높은 고차의 미소량을 무시하면 근사적으로

$$\frac{1}{1-\beta^2} \cong 1 + \beta^2, \quad \frac{1}{\sqrt{1-\beta^2}} \cong 1 + \frac{\beta^2}{2}$$

로 쓸 수 있다. 따라서 위의 (11)은

$$t_2 - t_1 = \frac{2l}{c}\left[(1+\beta^2) - (1 + \frac{\beta^2}{2})\right] = \frac{l}{c}\beta^2 \tag{12}$$

이와 같이 반투명경 P 에서 갈라진 두 갈래의 빛이 이론상 $l\beta^2/c$ 만큼의 시차를 갖고 간섭계에 도달할 것이므로, 이 두 줄기의 빛의 위상차를 간섭계에 나타나는 간섭 무늬로 읽어내면 빛 전달속도 차를 계산해 낼 수 있다.

그런데 빛 도달시간차 $l\beta^2/c$ 와 빛의 진동주기 T 와의 비는

$$\frac{l}{c\,T}\beta^2$$

이 되므로, 이 비를 빛의 진동주기 대신 파장 $\lambda = cT$ 를 써서 나타내면, 이들 두 갈래의 빛의 위상차 $l\beta^2$ 와 파장 λ 의 비

$$\frac{l}{\lambda}\beta^2$$

이 구해진다.

Michelson 은 이 실험에서 광로를 반사경으로 몇 차례 왕복시키는 방법

으로 팔의 길이 l 을 약 11 m $=1.1\times10^3$ cm 로 연장하고, 광원으로는 $\lambda=5.9\times10^{-5}$ cm 인 가시광(可視光)을 사용하였다. 따라서 이 경우 위상차와 파장의 비는

$$\frac{l}{\lambda}\beta^2=\frac{1.1\times10^3}{5.9\times10^{-5}}\times10^{-8}=0.186$$

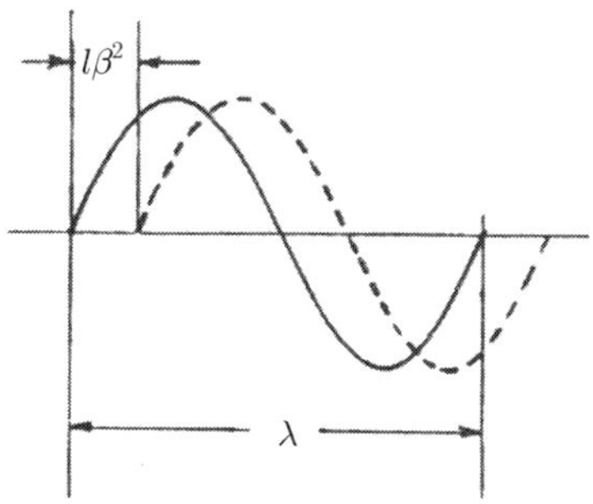

이 정도의 위상차는 Michelson 의 간섭계로 충분이 읽어낼 수 있었고, 더욱 이 값의 1/100 의 변화까지도 측정 가능한 장치가 사용되었다. 특히 이 실험에서 두 팔의 길이 l_1 과 l_2 의 현실적인 오차와 스트레스나 온도변화로 인한 신축(伸縮)으로 나타날 수 있는, 측정에 미칠 영향 등을 최소화하기 위해 Michelson 은 이 장치 전체를 P를 축으로 자유롭게 회전시킬 수 있도록 만들었다. 장치를 회전시키면, 빛 왕복시간의 상대적 변화가 생겨 간섭무늬의 간격이 변한다. 따라서 장치 전체를 회전시켜 그림의 $\overline{PM_1}$ 을 지구의 운동방향과 일치하게 돌려 놓으면 빛의 도달시간차는 역전될 것이므로 간섭무늬의 상대적 변화를 두 배로 확대하여 읽어낼 수 있다. **그러나 이 실험에서 예상했던 간섭무늬의 변화는 흔적 조차 나타나지 아니하였다**. 이는 예상을 완전히 부정하는 결과이다. 그리하여 **Michelson 은 지구의 운동은 빛 속도에 아무런 변화를 주지 않는다는 결론을 얻었다**.

이 Michelson-Morley 의 실험의 부정적 결과를 설명하기 위하여 Lorentz 와 Fitzgerald 는 (1893) 정지 æther 에 대하여 일정 속도 V로 운동하는 물체는 그 운동방향으로 일정비율; $1:\sqrt{1-V^2/c^2}$ 으로 수축된다는 가설을 내놓았다. 즉 $\overline{K}$계에 정지하고 있는 일정 길이 l_o인 물체는 K계에 대하여, 그 운동방향으로

$$l=l_o\sqrt{1-V^2/c^2} \tag{13}$$

만큼 수축된다는 주장이다. 이를 우리는 **Fitzgerald-Lorentz 의 수축**이라 한다. 이 같은 수축을 가정하면, Michelson-Morley 의 실험에서, 지구의 운동방향으로 놓인 팔의 길이 l_2 는 l_2 가 아닌 $l_2\sqrt{1-V^2/c^2}$ 으로 짧아져 있을 것이므로, 이 거리를 왕복하는데 소요되는 시간 t_2 는

$$t_2=\frac{2l_2}{c}\frac{\sqrt{1-\beta^2}}{1-\beta^2}=\frac{2l_2}{c}\frac{1}{\sqrt{1-\beta^2}}$$

이 되어 (9) 식의 t_1 과 같아진다.

이렇게 하여 Lorentz 는 이 실험의 부정적 결과를 설명해 냈다. 그러나 중요한 것은 이 같은 수축은 지상의 어떤 실험으로도 확인할 수 없다는 것이다. 왜냐하면 지상에 있는 모든 물체는 지구의 주행방향으로 다 같이 동일한 비율로 수축되어 있을 것이기 때문이다.

æther 의 존재를 가상한 빛 전달속도에 관한 이 같은 의문이 풀리지 않는 가운데, Lorentz 는 Maxwell 방정식에 관한 주도한 해석과 탐색을 계속 한 끝에 순수 수학적인 해법으로 마침내 전자장에 관한 Maxwell 방정식을 æther 에 대한 정지계 K 에서뿐만 아니라 æther 에 대하여 상대적으로 등속운동을 하는 기준계 $\overline{K}$ 에 대해서도 K 계와 꼭 같은 방정식이 성립되게 하는, 다시 말해서 Maxwell 방정식을 불변으로 하는 좌표변환식을 도출해 내는데 성공하였다 (1904). 이것은 곧 Michelson-Morley 의 실험결과를 현실로서 있는 그대로 수용하고 이를 반영하는 변환식이다.

Lorentz 가 도출해낸 이 좌표변환식은 다음과 같다.

$$\bar{x}=\frac{x-Vt}{\sqrt{1-V^2/c^2}},\quad \bar{y}=y,\ \bar{z}=z,\quad \bar{t}=\frac{t-\dfrac{V}{c^2}x}{\sqrt{1-V^2/c^2}} \qquad (14)$$

Lorentz 는 이 변환식에서, æther 에 대하여 상대적으로 등속운동을 하고 있는 $\overline{K}$ 계에서는, 물체의 수축과 함께 시간에 대해서도 정지계 K 계와는 다른 척도의 시간을 사용하지 않으면 안된다는 것을 발견하고 이를 **국부시간**이라 불렀다.

Lorentz 는 이 기묘한 변환식을 스스로 도출해 내고도, 정지 æther 의 실재성을 믿었던 나머지, 이 변환군(變換群)에 속하는 수 없이 많은 동등한 기준계의 물리적 의미를 꿰뚫어보지 못하고, 물리적으로 동등한 이들 기준계 가운데 어느 하나는 반드시 정지 æther 계일 것이라는 믿음과 함께 æther 의 실재성을 신봉하고 있었다.

그런데 문제는 이 Lorentz 의 변환식이 Galilei 변환과 서로 다르다는 사실을 그냥 예사로 보아 넘길 일이 아니라는데 있다. 전자는 전자장에 관한 Maxwell 방정식을 불변으로 하는 변환식이고, 후자는 운동역학에 관한 Newton 의 운동방정식을 불변으로 하는 변환식이다. 이들 두 변환식의 상충은 일체의 물리현상을, 아니 자연과학 전체를 오로지 역학적 기초 위에서만 해석하려 했던 당시로서는, 물리학자들에게 적지 않는 의문과 의혹을 불러일으켰다.

운동법칙과 전자법칙이 서로 다른 변환식을 갖고 있어야 한다는 것은 본질적으로 이들 두 이론의 구성요소 어딘가에 불합리한 전제나 가정 또는 개념상의 어떤 오류가 내재하고 있음을 드러내는 것은 아닌지 적지 않은 의문을 던져주었다.

Einstein 은 물리학이 직면하고 있는 이 같은 문제의 본질은 그 근원이 빛이나 æther 에 있는 것이 아니라 자명한 것으로 믿었던 시간과 공간에 대한 인식의 오류에서 비롯되었음을 갈파하고, 시간 공간개념의 수정과 함께 이 수정된 시공개념 위에 구성한 **특수 상대성 이론**을 발표하여 (1905) Lorentz 의 수축이나 국부시간이 단순히 수학적 기교나 환상이 아니라 시간과 공간이 지닌 특유한 성질에 있음을 밝혀냄으로서 자연인식에 크나큰 사상적(思想的) 변혁을 불러 일으켰다.

제 2 장 상대성 원리와 Lorentz 변환

□ 5. 상대성 원리

Maxwell 은 어느 특정한 기준계의 지정 없이 전자장에 관한 파동방정식을 도출해 냈다(1873). 이 파동 방정식에 나타나는 c 는 빛의 전달속도를 의미한다. Michelson-Morley의 실험결과는, 이 빛 전달속도 c 는 æther에 대해서 뿐만 아니라 æther 속을 초당 30 km 의 속력으로 질주하고 있는 지상에서도 같은 속도 c 임을 밝혀 낸 것이다. 또 이 실험 과정과 그 결과로부터, 빛 전달속도 c 는 지구의 운동방향과 같은 방향으로 왕복할 때나, 이에 수직방향으로 왕복할 때나 그 방향과 관계없이 어느 방향으로도 같은 속도 c 임을 밝혀냈다. 그러니까 빛 전달속도 c 는 광원의 상대적 운동상태와는 관계없이 어느 계에서 보아도, 그 빛의 진행방향과도 관계없이 어느 방향으로도 같은 속도 c 임이 확인된 셈이다.

그렇다면 우리는 빛 전달매체로서 æther 의 존재를 굳이 고집할 이유가 없어진다. 그러니까 기준계 K 에 대하여 속도 c 로 전파된다는 전자장에 관한 Maxwell 방정식은, K 계에 대하여 상대적으로 등속운동을 하는 모든 기준계 $\overline{K}$ 에서도 같은 속도 c 로서 주어지는 같은 형식의 방정식이 되어야 한다. 또 전기역학에 관한 Maxwell 이론의 어느 실험에서도 지구의 병진운동에 기인한 영향이나 효과는 전혀 나타나지 않았다는 것과, Michelson-Morley 의 실험결과는, 전자법칙에 관해서도 역학법칙과 마찬가지로 상대성 원리가 성립된다는 것이 이 실험으로 확인되었다고 단정할 수 있다.

이렇게 되면 상대적으로 등속운동을 하고 있는 두 기준계를 우리는 굳

이 구별할 이유가 없어진다. 다만 물리적 의미를 부여할 수 있다면, 어느 한 기준계는 다른 기준계에 대하여 상대적으로 등속운동을 하고 있다는 것 외에는 아무것도 다를 것이 없다. 따라서 어느 것이 정지계이고 어느 것이 운동계라는 단정은 무의미하다. 둘 중 하나를 정지계로 삼고 다른 하나를 운동계라 주장하면, 같은 권리로 상대 계도 이에 맞서는 주장을 할 수 있을 뿐이다. Einstein 은 물리실험이 밝혀주고 있는 이 같은 실증적 경험을 바탕으로 다음과 같은 두 개의 명제를 가정하고, 모든 자연법칙은 이 두 명제와 모순되어서는 안된다는 것을 새 이론 수립의 전제조건으로 삼았다.

1) **빛 속도 c 는 광원의 운동상태와는 관계없이 어느 관성계에 대해서도 같다.**
2) **모든 물리법칙은 계의 특별한 선정과 관계없이 어느 관성계에 관해서도 같다.**

위의 가정 1) 을 **관속불변의 원리**, 2) 를 운동역학에 관한 상대성 원리와 구별한다는 뜻에서 **특수 상대성 원리**라 한다.
이 두 가지 가정을 수용하면, 우리는 **동시** 또는 **동시각**이라는 의미의 인식을 우리들 스스로 수정하지 않으면 안된다는 것을 깨닫게 된다.

지금 K 와 $\overline{K}$ 계를 서로 상대적으로 등속운동을 하는 두 관성계라 하고 $\overline{K}$ 계의 $\overline{x}$ 축과 평행한 직선상에 $\overline{AC} = \overline{CB} = l$ 인 3 점 A, C, B 를 찍어 놓았다고 하자. 그리하여 점 C 에서 A, B 양방향으로 시각 t_o 에서 빛을 발사했다고 하면, 이 빛은 시각 $t = t_o + l/c$ 에서 두 점 A, B 에 동시에 도달할 것이다. $\overline{K}$ 계에서 경험하는 이 동시적 사상이, K 계에서 보았을 때 과연 동시적 사상으로 판단할 수 있을까. 아니다. 왜냐하면 A, C, B 의 각 점은 $\overline{K}$ 계에 고정된 장소이므로 K 계에서 보면 이들 3점은 $\overline{K}$ 계와 더불어 x 축 방향으로 질주하고 있다. 광속불변의 원리에 따라 K 계에서 보아도 이 빛의 광속은 빛의 진행방향과 관계없이 같은 속도이다. 따라서 K 계의 관측자가 보면, C 를 떠나 B 로 향한 빛이 멀어지는 B 점을 따라 잡는데 소요되는 시간은, A 로 향한 빛이 가까이 다가오는 A 점에 맞닥뜨리는 시간과는 당연히 어긋날 것이 분명하다. 즉 빛은 B 보다

A 에 먼저 도달한다. 따라서 K 계의 관측자로서는 빛이 A, B 에 도달되는 일이 동시적 사상으로 관측되지 않는다.

즉 $\overline{K}$ 계의 서로 다른 장소 A, B 에서 일어난 동시적 사상을 K 계에서 보면 그것이 동시적 사상으로 관측되지 않는다. 그러니까 서로 다른 두 장소에서 일어난 $\overline{K}$ 계의 동시적 사상이 관측자의 운동상태에 따라 동시각이 아닌 것으로 관측된다는 사실은 동시각 또는 동시성이라는 공준(公準)의 의미를 새삼 되새겨 보아야 한다는 매우 중요한 문제의 일단을 발견하게 된다.

시간은 시계라는 도구를 이용하여 측정하고 있다. 어느 한 기준계 K 상의 장소 A 에서 일어난 사상의 시각 t_A 는, 이 장소부근에 비치된 시계 M_A 를 읽어서 알아낸다. 그러나 A 로부터 멀리 떨어진 B 점에서 일어난 사상의 시각까지를 이 M_A 에 의해 가늠할 수는 없다. 따라서 어느 한 기준계의 여러 장소에서 일어난 개별 사상에 대한 시각을 읽고 기술해 내기 위해서는 정확히 동기 조정된 동일구조의 시계를 여러 개 준비하여 장소마다 고정 배치해 놓고, 개별사상의 시각을 그 장소 부근에 비치된 시계의 시각을 읽어내어 기술하므로서 이들 사상의 시간적 선후관계와 동시각을 비교하지 않으면 안된다. 그러나 이 같은 계의 시간 규정도 서로 멀리 떨어진 여러 장소에 비치된 시계의 시각이 정확히 일치하는지를 검증하고 확인할 수 있는 물리적 수단이 전제되어 있지 않으면 안된다.

다행히 우리는 광속불변의 원리를 이용하여 빛(전자파)을 신호로 서로 멀리 떨어진 여러 장소에서의 시각을 다음과 같은 방법으로 동기 조정할 수 있다.

관성계 K 상의 한 장소 A 에서, 이곳에 비치된 표준시계 M_A 의 지침이 t_A 를 가리킬 때 빛을 발사하고, 이 빛이 거리 l_{AB} 만큼 떨어진 장소 B 에 있는 시계 M_B 에 도달했을 때의 시각 t_B 를 $t_B = t_A + l_{AB}/c$ 이 되게 시계 M_B 를 조정한다. 빛이 A 에서 B 점에 도달되는데 소요되는 시간은 B 점에서 발사된 빛이 A 점에 도달되는데 소요되는 시간과 광속불변의 원리에 따라 같다.

빛을 이용하여 이 같은 방법으로 계의 모든 장소에 비치된 시계를 동기 조정해 놓았다고 하면, 일반으로 다음과 같은 시간 관계가 성립된다. 즉 모든 시점에서 (어느 때나) 점 A의 시각이 점 B의 시각과 같고, 점 B의 시각이 점 C의 시각과 같으면, 점 A의 시각과 점 C의 시각은 같다. 즉

$$t_A = t_B, \qquad t_B = t_C \text{ 이면} \qquad t_A = t_C$$

이 성립된다. 이 같이 하여 모든 장소에 비치된 시계의 지침을 일치시켜 놓으면, 이들 시계의 지침은 계의 통일된 시간을 제공해 준다. 그러나 시간의 이 같은 정의는 지금 고찰하고 있는 기준계 K에 관한 시간일 뿐이다. 왜냐하면, 우리는 K계에 대하여 정지상태에 있는 시계의 시간만을 규정했기 때문이다. 그러니까 K계에 대하여 상대적으로 운동상태에 있는 다른 기준계 $\overline{K}$의 시간은, 거기서도 위에서 정한 것과 똑같은 방법으로 K계와는 별도로 그 계에 속하는 시간을 독립적으로 정하여야 하고, 그렇게 정해진 $\overline{K}$계의 시간을 K계에서 정한 시간과 일치할 것이라는 독단은 허용되지 않는다. 따라서 위에서 정의한 어느 한 기준계의 시간은 그 기준계에 속하는 시간일 뿐 Newton 류의 시간과는 전혀 그 의미를 달리하고 있다는데 유의하여야 한다.

이로써 우리는 시간은 그것이 어느 계에 속하는 시간인지 **공간을 지정하는 준거 좌표계의 지정 없이 시간만을 논한다는 것은 무의미함을 알 수 있다**. 그러니까 시간은 결코 공간과 무관한 것이 아니라 공간과 불가분의 관계로 밀접히 결합되어 있어, 서로 상대적으로 운동상태에 있는 개개 관측자(기준계) 모두가 다 같이 공유할 수 있는 하나의 공통된 Newton 류의 시간과 공간은 존재할 수 없다는 것이다. 이 같은 인식은 개개 관측자는 그들 스스로 자기계에 속하는 시간공간을 독자적으로 정하고, 그것을 기준으로 자연현상을 관찰하며 기술하는 것을 당연한 원칙으로 허용하는 원리이다. 이는 곧 기준시관과 공간(시공 연속체)의 상대적 독립성을 의미하는 것으로, Einstein 의 상대성 이론은 바로 이 같은 물리적 이데아를 발판으로 하여 수립되었다.

□ 6. Lorentz 변환

어느 한 기준계 K에서 관측되는 물리현상을 이 K계에 대하여 상대적으로 등속직선 운동을 하고 있는 기준계 $\bar{K}$에서는 어떻게 관측되고 기술되는지 그 변환관계를 생각해 보자. 이런 문제는 이를테면 K계에서 관측되는 어떤 입자의 운동을 K계에 설정된 기준좌표계의 시간과 공간 좌표 t, x, y, z로서 표기되었다고 했을 때, 이 동일한 입자의 운동이 $\bar{K}$계의 좌표 $\bar{t}$, $\bar{x}$, $\bar{y}$, $\bar{z}$로는 어떻게 기술되는지, 이 두 좌표계 사이의 변환관계를 구하는 문제이다. 물론 이 변환식은 광속불변의 원리와 상대성 원리를 다 같이 만족하는 변환식이어야 함은 물론이다.

지금 K와 $\bar{K}$계의 두 좌표축이 서로 평행하게 잡혀 있다고 하고, 좌표축의 뒤틀림 없이 $\bar{K}$계는 K계에 대하여 일정속도 V로 질주하고 있는 경우를 떠올려 보자.

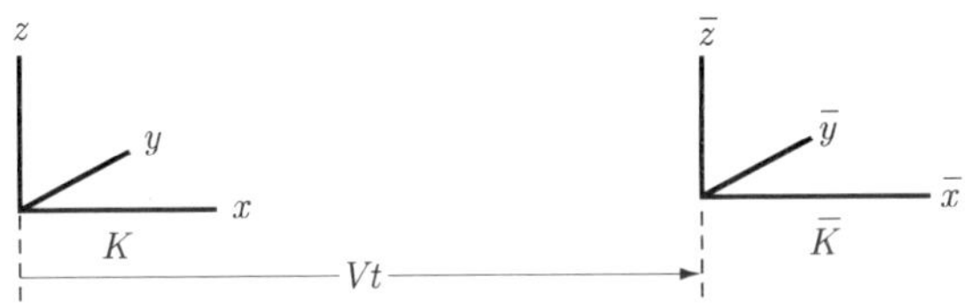

먼저 아무런 힘을 받고 있지 않는 자유입자의 운동을 생각해 보자. 기준계 $\bar{K}$에 대한 이 입자의 운동은 등속 직선운동이 될 것이므로, 이 입자의 운동은 이 $\bar{K}$계에 대한 직선의 방정식

$$\bar{\mathbf{r}} = \bar{\mathbf{r}}_o + \bar{\mathbf{v}}\,\bar{t}$$

로서 기술되어야 한다.

그런데 $\bar{K}$계는 K계에 대하여 등속 직선운동을 하고 있으므로, K계에서 본 이 동일한 입자의 운동도 등속 직선운동으로 관측될 것이다. 따라서 K계에서도 이 입자의 운동은 K계에 대한 직선의 방정식

$$\mathbf{r} = \mathbf{r}_o + \mathbf{v}t$$

로 기술된다.

그러니까 $\overline{K}$계에 대한 직선은 K계에서 보아도 직선이다.

다음은 $\overline{K}$계의 $\overline{x}$, $\overline{y}$ 좌표면에 평행하게 놓인 평면이 있다고 하고, 이 평면을

$$\overline{z} = \overline{a} \tag{1}$$

라 하면, 이 또한 K계에서 보아도 역시 K계의 x, y 좌표면에 평행한 하나의 평면으로 기술될 것이다. 따라서 K계에 대한 이 평면은

$$z = a \tag{2}$$

로 기술될 것이다.

그런데 K계에서 본 이 평면의 위치 a는 $\overline{K}$계의 $\overline{a}$와 일치한다고 함부로 단정할 수는 없다. 그러나 이 경우 a와 $\overline{a}$는 일정한 비례 관계가 성립되어야 할 것이다. 따라서 이를

$$k = \frac{\overline{a}}{a} \tag{3}$$

라 놓으면, 이 k는 오직 $\overline{K}$계의 K계에 대한 상대속도 V에만 의존되는 양일 것이다. 그러나 이 k는 1 이외의 다른 값이 될 수 없다는 것이 다음과 같이 증명된다.

그림에서 $\overline{K}$계와 K계의 $\overline{x}$, $\overline{y}$ 좌표면과 x, y 좌표면을 각각 z, $\overline{z}$ 좌표축을 중심으로 180° 돌려놓고, $\overline{K}$계에서 K를 보면 K계는 $\overline{K}$계에 대하여 일정속도 V로 질주하는 것이 되므로 위의 비례관계식 (3)을 $\overline{K}$계에 입각하여 역으로 적용하면

$$k = \frac{a}{\overline{a}} \tag{4}$$

이 성립되어야 할 것이다. 따라서 (3)과 (4)에서

$$k=1, \qquad a=\bar{a}$$

이것으로부터, $\bar{K}$계의 공간좌표 $\bar{z}$는 K계의 공간좌표 z와 일치함을 안다. 따라서 $\bar{K}$계의 $\bar{z}$ 성분의 K계로의 변환은

$$z=\bar{z} \tag{5}$$

이 성립된다.
마찬가지로 $\bar{K}$계의 $\bar{y}$ 성분에 대해서도, 위의 경우와 같은 방법으로

$$y=\bar{y} \tag{6}$$

이 성립된다. 그러니까 운동방향과 수직으로 난 $\bar{K}$계의 좌표성분은 K계에 같은 값으로 변환된다. (수학에서 이 같은 변환을 **항등변환**이라 한다.)

다음은 $\bar{K}$계의 임의한 한 점 P에서 빛을 발사한 경우를 생각해 보자. 이때 빛의 파면은 점 P를 중심으로 동심구상(同心球狀)을 이루며 속도 c로서 사방으로 퍼져 나갈 것이다. 따라서 이 파면의 반경 $\bar{r}$는 시간 $\bar{t}$와

$$\Delta\bar{r}=c\Delta\bar{t}$$

인 관계가 성립된다.
이 식의 양변을 자승하여 $(\Delta\bar{r})^2$을 좌표차 $\Delta\bar{x}$, $\Delta\bar{y}$, $\Delta\bar{z}$로 나타내면

$$(\Delta\bar{x})^2+(\Delta\bar{y})^2+(\Delta\bar{z})^2-c^2(\Delta\bar{t})^2=0 \tag{7}$$

$\bar{K}$계에서 발사된 이 빛을, K계에서 관측해도 광원의 운동상태와는 관계없이 K계에서도 마찬가지로 광속불변의 원리에 따라

$$(\Delta x)^2+(\Delta y)^2+(\Delta z)^2-c^2(\Delta t)^2=0 \tag{8}$$

이 성립된다. 따라서 우리가 지금 구하고자 하는 좌표변환은 (7)와 (8)이 양립되는 (다 같이 성립되는) 변환식이 되지 않으면 안 된다.
특별히 $\bar{K}$계와 K계의 두 좌표축이 $t=\bar{t}=0$에서 완전히 포개질 때, 바로 이 시각에 원점에서 빛이 발사되었다고 하면, 이 빛의 파면은 $\bar{K}$계와 K계에서 다같이

$$\bar{x}^2+\bar{y}^2+\bar{z}^2-c^2\bar{t}^2=0$$
$$x^2+y^2+z^2-c^2t^2=0 \tag{9}$$

이 성립될 것이다. 그런데 여기서

$$S^2=x^2+y^2+z^2-c^2t^2 \tag{10}$$

로서 정해지는 양 S 의 불변성에 대해 생각해 보자.
$S=0$ 이면 $\bar{S}=0$ 은 광속불변의 원리에 따라 분명 성립될 것이지만, $S\fallingdotseq 0$ 인 경우의 양 S(광속보다 느린 물체나 입자의 운동인 경우) 의 불변성은 광속불변의 원리로는 설명되지 않는다. 그러나 4개의 변수 x, y, z, t 와 $\bar{K}$ 계의 변수 $\bar{x}$, $\bar{y}$, $\bar{z}$, $\bar{t}$ 는 1차 변환으로 관계지워지므로 (직선이 직선으로 변환되므로) $\bar{K}$ 계에 관한 양

$$\bar{S}^2=\bar{x}^2+\bar{y}^2+\bar{z}^2-c^2\bar{t}^2 \tag{11}$$

는 S 와의 사이에

$$S=\lambda\bar{S} \tag{12}$$

인 비례관계가 성립되지 않으면 안 된다.
이때 비례정수 λ 는 오직 K 와 $\bar{K}$ 계의 상대속도 V 에만 의존되는 양이어야 한다. 그런데 K 와 $\bar{K}$ 계는 서로 상대적이고 또한 대등한 입장에 있으므로, 관점을 바꾸어 역으로 $\bar{K}$ 계에서 K 를 보아도, 위 (12) 에 맞서는 비례관계

$$\bar{S}=\lambda S \tag{13}$$

이 성립될 것이 분명하다. 따라서 (12), (13) 에서

$$\lambda^2=1 \qquad \therefore\ \lambda=\pm 1$$

그런데 $V\to 0$ 이면 $S=\bar{S}$ 이 될 것이므로 $\lambda=1$ 이다.
이로서 양 S 는 상대속도 V 와는 무관한 불변량임을 안다. 따라서

$$S = \bar{S}$$

$$\therefore\ x^2 + y^2 + z^2 - c^2t^2 = \bar{x}^2 + \bar{y}^2 + \bar{z}^2 - c^2\bar{t}^2 \tag{14}$$

이 성립된다.
그런데 (5) 과 (6) 이 성립되므로 위의 (14) 는

$$x^2 - c^2t^2 = \bar{x}^2 - c^2\bar{t}^2 \tag{15}$$

로 쓸 수 있다.
그러니까 우리가 지금 구하고자 하는 변환관계는 결국 t 와 x 로 된 두 좌표성분에 관한 변환식을 구하는 문제로 귀착된다.
여기서 허의 시간 $T = ict$, $\bar{T} = ic\bar{t}$ 를 도입하여 (15) 을 다시 쓰면

$$x^2 + T^2 = \bar{x}^2 + \bar{T}^2 \tag{16}$$

이 식의 양 $(x^2 + T^2)$ 은 $[x, T]$ 좌표면에서 원점 0로부터 점 (x, T) 에 이르는 거리를 나타내는 것이 되므로 식 (16) 은 이 거리를 불변으로 하는 K 와 $\bar{K}$ 계의 좌표변환임을 알 수 있다. 따라서 이런 변환은 오직 $[x, T]$ 좌표면에서의 $\bar{K}$ 좌표계의 K 좌표계에 대한 회전이 있을 뿐이다.
좌표계의 회전에 관한 일반적인 변환식은, 회전각을 θ 라 했을 때

$$\bar{x} = x\cos\theta + T\sin\theta \tag{17}$$

$$\bar{T} = -x\sin\theta + T\cos\theta \tag{18}$$

로서 주어진다.
그런데 $\bar{K}$ 계의 원점 $\bar{x} = 0$ 는, K 계에서 보면 x 축 방향으로 속도 V 로 이동하므로 $\bar{K}$ 계의 원점은 K 계의 $[x, T]$ 좌표면에서

$$x = Vt$$

로 이동하는 점이 된다.

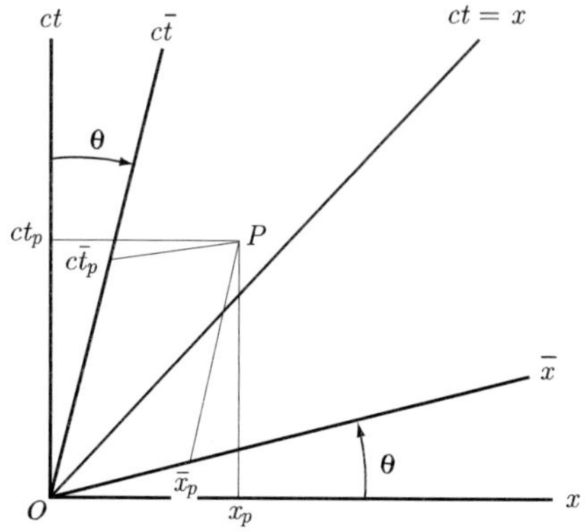

따라서 이것과 $\bar{x}=0$ 를 (17) 에 대입하면

$$\frac{iV}{c} = \tan\theta$$

를 얻는다. 이것으로 회전각 θ 는 허의 각임을 알 수 있다.
한편

$$\cos\theta = \frac{1}{\sec\theta} = \frac{1}{(1+\tan^2\theta)^{1/2}} = \frac{1}{\sqrt{1-\dfrac{V^2}{c^2}}}$$

이 관계를 (17) 와 (18) 에 적용하면

$$\bar{x} = \cos\theta(x + T\tan\theta) = \frac{x - Vt}{\sqrt{1-\dfrac{V^2}{c^2}}}$$

$$\overline{T} = \cos\theta(-x\tan\theta + T) = \frac{1}{\sqrt{1-\dfrac{V^2}{c^2}}}\left(-x\frac{iV}{c} + ict\right) \quad (19)$$

이 식 좌변 $\overline{T}$를 $ic\bar{t}$ 로 바꾸어 쓰고 정리하면

$$\bar{t} = \frac{t - \frac{V}{c^2}x}{\sqrt{1 - \frac{V^2}{c^2}}} \tag{20}$$

를 얻는다. 따라서 K와 $\overline{K}$계 사이의 좌표변환은 위의 (20), (19), (6), (5)의 결과로부터

$$\bar{t} = \frac{t - \frac{V}{c^2}x}{\sqrt{1 - \frac{V^2}{c^2}}}, \quad \bar{x} = \frac{x - Vt}{\sqrt{1 - \frac{V^2}{c^2}}}, \quad \bar{y} = y, \quad \bar{z} = z \tag{21}$$

이 변환식 (21) 으로부터 t, x, y, z 를 구하면 (21) 의 역변환식은

$$t = \frac{\bar{t} + \frac{V}{c^2}\bar{x}}{\sqrt{1 - \frac{V^2}{c^2}}}, \quad x = \frac{\bar{x} + V\bar{t}}{\sqrt{1 - \frac{V^2}{c^2}}}, \quad y = \bar{y}, \quad z = \bar{z} \tag{22}$$

이 (21) 의 역변환식 (22) 는 식 (21) 의 막대기 기호를 상대 좌표로 옮겨 주고 V의 부호를 바꾸어 놓은 것에 다름 아니다. 즉 $\overline{K}$계와 K계는 서로 상대적이므로 계를 옮겨 관점을 바꾸면 K계는 $\overline{K}$계에 대하여 $-V$로 질주하는 것이 되므로 속도 V의 부호를 역으로 바꾸어 놓은 것이 곧 (21) 의 역변환식이 된다.

변환식 (22) 은 $\overline{K}$계의 시간 공간좌표 $\bar{t}$, $\bar{x}$, $\bar{y}$, $\bar{z}$ 에 대응하는 K계의 좌표 t, x, y, z 를 구하는 변환식이다. 이 (21), (22) 는 Lorentz 가 Maxwell 방정식으로부터 도출해낸 변환식과 완전히 일치한다.

Einstein 은 자신이 제창한 광속 불변의 원리와 상대성 원리로부터 이상과 같이 Lorentz 와는 전혀 다른 견지에서 이 동일한 변환식을 도출해 냈다 (1905). 이를 우리는 **Lorentz 변환**이라 한다.

이 Lorentz 변환에서 특별히 주목되는 것은 시간좌표 t 와 운동방향으로 난 좌표 성분 x 만이 변환에 연계될 뿐 운동방향과 수직으로 난 공간

좌표 y, z 성분은 변환에 전혀 개입되지 않는다는 점이다. 위 그림은 $\bar{K}$ 계의 주행 방향을 K계의 x 방향으로 일치시키고 $t=\bar{t}=0$ 에서 두 좌표축이 완전히 포개지는 특별한 경우의 K와 $\bar{K}$계의 시간과 공간 좌표성분의 대응관계를 나타낸 도면이다. 기하학적으로는 $\bar{K}$계의 시간축 $c\bar{t}$ 와 공간축 $\bar{x}$ 이 다같이 K계에 대하여 θ 만큼 안으로 오므라드는 특이한 좌표축의 회전을 나타난다.

위 그림은 시간좌표를 t 대신 ct 를 도입하여 $ct=1$ 을 시간축의 기본단위로 정한 것이다. 그림에서 $\bar{K}$계의 시간축 $c\bar{t}$ 는, $\bar{K}$계의 원점 $\bar{x}=0$ 의 K계에 대한 이동궤적을 나타내는 한편, $\bar{K}$계의 원점 $\bar{x}=0$ 에 비치된 시계의 시각을 나타내는 $\bar{K}$계의 시간 좌표축이기도 하다.
$c\bar{t}$ 좌표축의 K계에 대한 회전각 θ 는, 식 (21) 의 둘째식에서 $\bar{x}=0$ 으로 놓으므로서 구해진다. 즉

$$x=\frac{V}{c}ct \qquad \therefore\ \frac{x}{ct}=\tan\theta=\frac{V}{c} \tag{23}$$

또 $\bar{x}$ 좌표축의 K계에 대한 회전각 θ 도 식 (21) 의 첫째 식에서 $\bar{t}=0$ 으로 하여

$$ct=\frac{V}{c}x \qquad \therefore\ \frac{ct}{x}=\tan\theta=\frac{V}{c} \tag{24}$$

이로서 $\bar{K}$ 좌표축의 K계의 대한 회전각 θ 는 오로지 두 좌표계의 상대속도 V에 의해 결정됨을 알 수 있다. 이상으로 우리는 빛 전달특성과 운동법칙을 다 같이 만족하는 시간과 공간좌표의 변환식으로 Lorentz 변환을 도출해 냈다.

K와 $\bar{K}$계의 상대속도 V가 c에 비해 매우 느린 경우, 즉 $V/c \ll 1$ 일 때 즉 $(V/c)^2 \to 0$ 이면, Lorentz 변환은 Galilei 변환과 완전히 일치한다. 따라서 Galilei 변환이 적용되는 역학이론은 계의 상대적 운동이 광속에 비해 비교적 느린 경우에 대해서만 타당하고, 그것도 어디까지나 근사적으로 타당하다는 것이 된다.

한편 Lorentz 변환에서 다루어지는 시간 t 와 공간좌표 x, y, z 는 모두 실수이므로 그 변환식에 등장하는 상대속도 V는 아무리 커도 $V<c$ 인 제한적인 범위 내에서만 성립된다. 그러므로 **모든 물리 실체의 상대속도는 광속에 근접할 수는 있어도 빛 보다 빠를 수는 없다**는 결론이 나온다. 이것은 곧 **일체의 운동이나 물리적 인과 작용의 전달속도는 상한(上限)이 존재하고, 그 값은 곧 c 임**을 시사하는 것이다.

□ 7. 시간공간의 상대성

Lorentz 변환이 제공하는 시간과 공간에 관한 상대적 대응관계의 물리적 의미를 알아보자. 지금 정지계 K에 대하여 상대적으로 일정속도 V로 등속질주하고 있는 $\overline{K}$계의 시간간격 $\Delta\overline{T}=\overline{t_2}-\overline{t_1}$를 정지계 K에서 관측해 보자. 이 경우 $\overline{K}$계의 시간이란 $\overline{K}$계에 대하여 정지상태에 있는 시계의 시간을 뜻한다. 따라서 $\overline{K}$계의 어느 한 곳을 특정할 필요는 없으므로, 가령 $\overline{K}$계에 원점에 놓인 시계의 시간간격을 $\Delta\overline{T}=\overline{t_2}-\overline{t_1}$ 으로 놓고, 이 $\bar{t}_1$, $\bar{t}_2$에 대응하는 K계의 시각을 각각 t_1, t_2라 했을 때 Lorentz 변환 (22) 에서 $\bar{x}=0$ 으로 하여 $\bar{t}_1$, $\bar{t}_2$에 대응하는 K계의 시간 t_1, t_2를 구하면

$$t_1=\frac{\bar{t}_1}{\sqrt{1-\dfrac{V^2}{c^2}}},\qquad t_2=\frac{\bar{t}_2}{\sqrt{1-\dfrac{V^2}{c^2}}}$$

이 된다.

따라서 K계에서 관측되는 시간간격 $\Delta T=t_2-t_1$ 은

$$\Delta T=\frac{\Delta\overline{T}}{\sqrt{1-\dfrac{V^2}{c^2}}}\tag{25}$$

이 된다. 이것이 $\overline{K}$계의 시간간격 $\Delta\overline{T}$와, 이에 대한 K계의 대응시간 ΔT와의 관계이다. $\sqrt{1-V^2/c^2}$ 은 1보다 작은 값이므로, ΔT는 $\Delta\overline{T}$보다 크지 않으면 안 된다. 그러니까 $\overline{K}$계의 시간 경과량 $\Delta\overline{T}$는 K계의 시간 경과량 ΔT보다 작다. 따라서 정지계 K에 머물고 있는 관측자로서는 $\overline{K}$계의 시간이 자기계의 시간보다 언제나 느린 시간이 대응함을 알 수 있다. 이것으로부터 우리는 **$\overline{K}$계에서 $\Delta\overline{T}$ 시간동안 일어난 물리현상을 K계에서 지켜보았을 때 그 전 과정을 읽어내는 데는 언제나 $\Delta\overline{T}$보다 긴 시간이 소요될 것이라는 결론을 얻는다.**

다음은 $\overline{K}$계의 좌표상의 두 공간점 A, B의 간격을 K계에서 관측해 보자. 이것은 $\overline{K}$계의 $\overline{x}$ 좌표축과 평행하게 놓인 강체 막대기의 길이를 K계에서 관측하는 일에 다름 아니다. 그런데 운동상태에 있는 $\overline{K}$계의 물체의 길이를 K계에 앉아서 재는 방법은 방법론상 오직 한 가지 수단이 있을 뿐이다. 즉 $\overline{K}$계에 놓인 막대기의 두 끝이 관측자(K계)의 시간으로 어느 한 순간 K계에 동시 투영되는 두 점의 간격을 가지고 판단하는 방법이 그것이다. 따라서 $\overline{K}$계에 고정된 A, B의 두 끝점 $\overline{x}_1$, $\overline{x}_2$이 K계의 시간으로 어느 한 시각 t_0에서 K계로 동시 투영되어 얻어지는 K계의 대응점 x_1, x_2는 Lorentz 변환 (21)의 둘째 식에서

$$\overline{x}_1 = \frac{x_1 - Vt_0}{\sqrt{1-\dfrac{V^2}{c^2}}}, \qquad \overline{x}_2 = \frac{x_2 - Vt_0}{\sqrt{1-\dfrac{V^2}{c^2}}}$$

이것으로부터 $\Delta\overline{x} = \overline{x}_2 - \overline{x}_1$과 $\Delta x = x_2 - x_1$의 관계를 구하면

$$\Delta x = \sqrt{1-\frac{V^2}{c^2}}\,\Delta\overline{x} \tag{26}$$

이 결과를 보면 Δx는 분명 $\Delta\overline{x}$보다 작은 값이 된다.

이것으로부터 우리는 $\overline{K}$계의 공간간격 $\Delta\overline{x}$는 K계에서 보면 그 운동

방향으로 $\sqrt{1-V^2/c^2}$ 의 비율로 단축되어 사상(寫像) 됨을 알 수 있다. 이것이 이른바 Fitzgerald-Lorentz 의 수축이다. 그러니까 일정공간을 점유하고 있는 $\overline{K}$ 계의 물체(운동상태에 있는 물체)를 정지계에서 보면, 그 형체는 언제나 그 운동방향으로 $\sqrt{1-V^2/c^2}$ 의 비율로 수축된 꼴로 보인다. 따라서 부피가 V_0 인 물체가 속도 v 로 질주할 때 관측되는 상대적 부피 V 는 언제나

$$V = V_0\sqrt{1-v^2/c^2} \tag{27}$$

이 된다. 즉 **속도 v 로 질주하고 있는 운동물체의 부피는 정지상태의 부피 V_0 보다 $\sqrt{1-v^2/c^2}$ 의 비율로 축소 변형된 꼴로 관측된다.**

다음은 운동계 $\overline{K}$ 상의 임의의 두 장소 A, B 에서 일어난 두 사상을 정지계 K 에서 관측해 보자 지금 $\overline{K}$ 계의 $c\bar{t}$, $\bar{x}$ 좌표면 상의 서로 다른 두 장소 A, B 에서 일어난 두 사상의 시간과 위치를 각각 $A(\bar{t}_1, \bar{x}_1)$, $B(\bar{t}_2, \bar{x}_2)$ 이라 했을 때, 이에 대응하는 K 계의 시각 t_1, t_2 는 Lorentz 변환 (22) 에서

$$t_1 = \frac{\bar{t}_1 + \dfrac{V}{c^2}\bar{x}_1}{\sqrt{1-\dfrac{V^2}{c^2}}}, \qquad t_2 = \frac{\bar{t}_2 + \dfrac{V}{c^2}\bar{x}_2}{\sqrt{1-\dfrac{V^2}{c^2}}}$$

$\overline{K}$ 계의 두 사상(事象) A, B 사이의 시간 간격과 공간간격을 각각 $\Delta\bar{t} = \bar{t}_2 - \bar{t}_1$, $\Delta\bar{x} = \bar{x}_2 - \bar{x}_1$ 로 쓰면, 이에 대응하는 K 계의 시간간격 $\Delta t = t_2 - t_1$ 는

$$\Delta t = \frac{\Delta\bar{t} + \dfrac{V}{c^2}\Delta\bar{x}}{\sqrt{1-\dfrac{V^2}{c^2}}}$$

특히 A, B 에서 일어난 두 사상이 $\overline{K}$ 계의 시간으로 동시각에 일어난 사상이면 $\Delta\bar{t}=0$ 이므로

$$\Delta t=\frac{\frac{V}{c^2}\Delta\bar{x}}{\sqrt{1-\frac{V^2}{c^2}}}$$

이 결과를 보면 $\overline{K}$ 계의 서로 다른 두 장소 A, B 에서 일어난 동시적 사상이, K 계에서 보면, $\Delta t\fallingdotseq 0$ 이 되므로 그것이 동시적 사상으로 관측되지 않는다. 즉 Δt 만큼의 시차가 생긴다. 이 시간 차는 A, B 간의 거리 $\Delta\bar{x}$ 에 비례하여 커진다. 물론 그 값은 극히 작은 량이다. $V^2/c^2\rightarrow 0$ 으로 보면, $\Delta t=0$ 이 된다.

□ 8. 구체적 사례로 본 시공간의 상대성

Lorentz 변환의 물리적 의미를 보다 선명하게 해주는 구체적인 사례로 다음과 같은 사고 실험을 들 수 있다. 이를 한 번 음미해보고 넘어가기로 하자.

지금 두 개의 거울 A, B 를 일정거리에 서로 평행하게 고정시켜 놓고 여기에 빛을 왕복시키는 장비를 생각해 보자. 시간 t_0 에서 A 로부터 빛 펄스를 쏘았다고 하면, 이 빛은 거리 l_0 에 있는 B 에서 반사되어 A 면으로 되돌아 온다. 이때 빛 펄스의 발신과 반사되어 되돌아 오는 착신시간을 각각 t_0, t_1 이라 하면, 광속불변의 원리에 따라

$$2l_0=c(t_1-t_0)$$

발신과 착신의 시간간격을 $\tau=(t_1-t_0)$ 로 쓰면

$$\tau=\frac{2l_0}{c} \tag{28}$$

이 빛 펄스를 계속 왕복시켜 그 왕복 횟수를 카운트 하면 이것은 그 자체가 더할 나위 없는 이상적인 하나의 시계가 된다. 이 같은 장비는 몇 개라도 만들어 낼 수 있다. 반사경 A, B의 거리를 정밀 조정하여 빛의 왕복시간을 정확히 일치시켜주면 이론상 완전히 동기 조정된 동일구조의 장비를 몇 개라도 만들어 낼 수 있다.

이렇게 만들어진 장비는 그것이 정지상태에 있건 운동상태에 있건, 또 반사경 A, B를 잇는 중심 축을 어느 방향으로 돌려 놓건 관계없이 광속불변의 원리에 따라 빛 왕복시간 τ는 같다.

이 같이 만들어진 꼭 같은 장비가 비치된 두 개의 기준계 K와 $\overline{K}$계가 있다고 하자. K를 우리와 함께 하고 있는 기준계라 하고, $\overline{K}$를 K계의 x 방향으로 일정 속도 V로 질주하고 있는 또 다른 기준계라 하자. $\overline{K}$계에 고정된 이 장비의 A, B축이 이 계의 운동방향에 대하여 수직으로 놓여 있다고 하면, A, B 반사면은 $\overline{K}$계의 주행방향과 평행하게 놓인다.

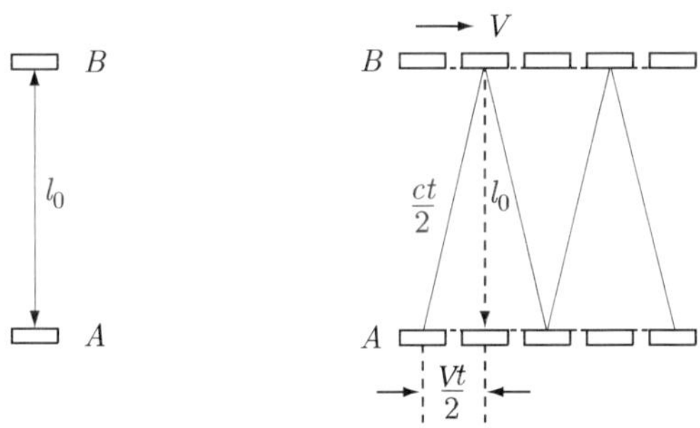

$\overline{K}$계에 고정된 이 장비를 K계에서 보면 이 장비는 x 방향으로 속도 V로 질주하고 있으므로 K계의 관찰자로서는 빛 펄스의 왕복경로가 그림과 같이 지그재그로 보일 것이 분명하다.

지금 K계에서 K계의 시간 t로, 속도 V로 질주하고 있는 이 장비의 빛 펄스 왕복시간을 계산해 보자. A에서 발사된 빛이 B에서 반사되어 A로 되돌아 오는데 소요되는 시간을 t라 하면, 빛이 A를 떠나 B에 이르

는 동안 A 와 B 는 다같이 $Vt/2$ 만큼 x 방향으로 이동할 것이므로, 그림으로부터

$$\left(\frac{ct}{2}\right)^2 = l_0^2 + \left(\frac{Vt}{2}\right)^2$$

이 성립된다. 이것으로부터

$$t = \frac{2l_0}{c\sqrt{1-\frac{V^2}{c^2}}} \tag{29}$$

그런데 $2l_0/c$ 는 이 장비와 함께 하고 있는 $\overline{K}$ 계의 관측자로서는 그것이 이 장비의 빛 왕복 시간 τ 이므로, (29) 는

$$t = \frac{\tau}{\sqrt{1-\frac{V^2}{c^2}}} \tag{30}$$

이 된다.

그러니까 $\overline{K}$ 계의 빛 펄스 왕복시간 τ 를 K 계에서 보면 t 로 읽어진다. $\sqrt{1-V^2/c^2}$ 는 1보다 작은 값이므로 t 는 τ 보다 크다. 그러니까 K 계에서 $\overline{K}$ 계를 지켜보면 빛 펄스의 왕복경로는 지그재그로 보여 그 만큼 빛의 왕복경로가 길어져 빛 펄스의 왕복시간이 τ 보다 긴 시간이 소요된다는 판단을 하게 된다. 이 말은 운동상태에 있는 $\overline{K}$ 계의 빛 왕복시간 τ 는 정지계 K 에서 보면 K 계에 있는 같은 장비보다 빛 왕복이 느리다는 판단을 하게 된다. 즉 **운동상태에 있는 시계의 시간은 스스로 정지하고 있다고 믿는 관측자에 대해서는 언제나 느린 시간이 대응한다.**

다음은 이 장비의 중심축을 $\overline{K}$ 계의 운동방향과 같은 방향으로 돌려 놓은 경우를 생각해 보자. $\overline{K}$ 계에서는 그것을 어느 방향으로 돌려 놓건 빛 펄스의 왕복시간 τ 는 같다. 그러나 K 계에서 보면 사정은 달라진다.

지금 이 장비의 축을 $\overline{K}$ 계의 $\overline{x}$ 축과 평행한 방향으로 돌려 놓았다고 하자. K 계에서 본 A, B 사이의 거리를 l 이라 하고, A 에서 쏜 빛 펄스

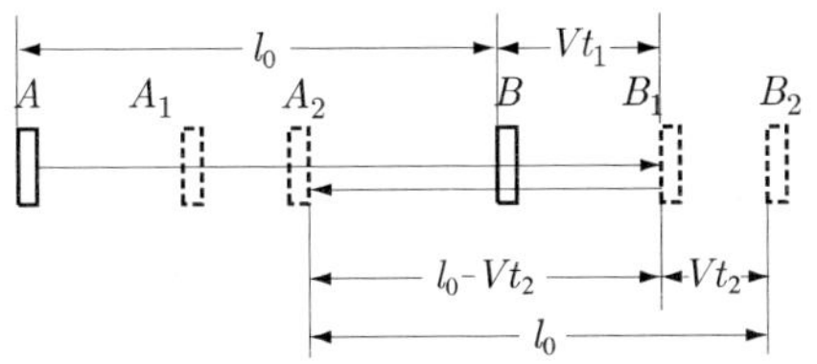

가 B 에 도달되기까지 소요되는 시간을 t_1 이라 하면, 이 t_1 시간 사이 반사경 B 는 Vt_1 만큼 x 방향으로 이동한 위치에 앞서가 있을 것이므로

$$ct_1 = l + Vt_1$$
$$\therefore\ t_1 = \frac{l}{c-V}$$

다음은 B 에서 반사된 빛이 A 에 되돌아 오는데 소요되는 시간을 t_2 라 하면, 이 t_2 시간 사이에 A 는 Vt_2 만큼 x 방향으로 다가와 있을 것이므로

$$ct_2 = l - Vt_2 \qquad \therefore t_2 = \frac{l}{c+V}$$

따라서 이 경우 빛 펄스가 A, B 를 왕복하는데 소요되는 시간 $t_1 + t_2 = t$ 는

$$t = t_1 + t_2 = \frac{l}{c-V} + \frac{l}{c+V}$$

$$= \frac{2cl}{c^2 - V^2} = \frac{2l}{c\left(1 - \frac{V^2}{c^2}\right)} \tag{31}$$

이 t 는 (29) 의 t 와 일치하지 않으면 안된다. 따라서

$$\frac{2l_0}{c\sqrt{1-\frac{V^2}{c^2}}} = \frac{2l}{c\left(1-\frac{V^2}{c^2}\right)}$$

이것으로부터

$$l = l_0\sqrt{1 - \frac{V^2}{c^2}} \tag{32}$$

를 얻는다. 이 결과로부터 $\overline{K}$계에 놓인 A, B의 길이 l_0는 K계에서 보면 l로 읽어진다. 이는 곧 Fitzgerald-Lorentz 의 수축을 의미한다.
그러니까 질주하는 $\overline{K}$계의 시간을 K계에서 보면 그 흐름이 더뎌 보이고, 또 운동방향으로 놓인 이 장비의 A, B 간격이 $\overline{K}$계의 실제 길이 l_0보다 $\sqrt{1-V^2/c^2}$ 의 비율로 단축되어 보인다는 사상(寫像)의 의미를 위에서 우리는 보다 구체적인 사고 실험을 통해 인지할 수 있었다. 이는 곧 자연에 대한 현실 인식은, 시간 공간에 대한 막연한 추상적 선입관으로부터 우리들 스스로 깨어날 것을 요구하는 것이다.

□ 9. 속도가법의 정리

질점 P의 $\overline{K}$계에 대한 속도 $\bar{v}$는 K계에 대하여 어떤 속도로 관측될까. 속도에 관한 변환식을 구해보자.
여기서도 $\overline{K}$계의 K계에 대한 상대속도를 V라 하고, K계에 대한 어느 한 질점의 속도성분을 각각 $dx/dt=v_x$, $dy/dt=v_y$, $dz/dt=v_z$로 표기하고 $d\bar{x}/d\bar{t}=\bar{v}_x$, $d\bar{y}/d\bar{t}=\bar{v}_y$, $d\bar{z}/d\bar{t}=\bar{v}_z$를 같은 질점 P의 $\overline{K}$계에 대한 속도성분이라 하면, Lorentz 변환 (21)을 적용하여 구할 수 있다. 먼저 등속 직선운동을 하고 있는 물체 M의 $\overline{K}$계에 관한 운동을, 성분별로

$$\bar{x}=\bar{v}_x\bar{t}, \quad \bar{y}=\bar{v}_y\bar{t}, \quad \bar{z}=\bar{v}_z\bar{t} \tag{33}$$

같은 물체의 M의 K계에 대한 운동도 역시 직선운동으로 관측될 것이므로 그것은

$$x=v_x t, \quad y=v_y t, \quad z=v_z t \tag{34}$$

로서 주어질 것이다.
위 (33)의 첫째 식에 (21)을 적용하여 Lorentz 변환하면

$$(x - Vt) = \bar{v}_x\left(t - \frac{V}{c^2}x\right)$$

혹은

$$(V + \bar{v}_x)t = x\left(1 + \frac{V\bar{v}_x}{c^2}\right)$$

이것과 (34) 의 첫째 식을 비교하면,

$$v_x = \frac{V + \bar{v}_x}{\left(1 + \frac{V\bar{v}_x}{c^2}\right)} \tag{35}$$

를 얻는다. 같은 수순으로 v_y, v_z 도 구하면

$$v_y = \frac{\bar{v}_y\left(1 - \frac{V}{c^2}v_x\right)}{\sqrt{1 - \frac{V^2}{c^2}}}, \qquad v_z = \frac{\bar{v}_z\left(1 - \frac{V}{c^2}v_x\right)}{\sqrt{1 - \frac{V^2}{c^2}}}$$

이들 우변의 v_x 에 (35) 를 대입하여 정리하면, 각각

$$v_x = \frac{\bar{v}_x + V}{1 + \frac{\bar{v}_x V}{c^2}}, \quad v_y = \frac{\bar{v}_y\sqrt{1 - \frac{V^2}{c^2}}}{1 + \frac{\bar{v}_x V}{c^2}}, \quad v_z = \frac{\bar{v}_z\sqrt{1 - \frac{V^2}{c^2}}}{1 + \frac{\bar{v}_x V}{c^2}} \tag{36}$$

이것이 곧 상대성 이론이 제공하는 **속도가법의 원리**이다.
특히 $V^2/c^2 \to 0$ 으로 보면

$$v_x = \bar{v}_x + V, \qquad v_y = \bar{v}_y, \qquad v_z = \bar{v}_z$$

로 되어 고전역학에서의 속도가법에 관한 공식과 일치한다.

또 특별한 경우로서 $\overline{K}$ 계에 대한 질점 P 의 속도 성분이 $\overline{v}_x = \overline{v}$, $\overline{v}_y = \overline{v}_z = 0$ 이면

$$v_x = \frac{\overline{v} + V}{1 + \frac{\overline{v}\,V}{c^2}}, \qquad v_y = v_z = 0 \tag{37}$$

이 된다.

v_x 는 어떤 경우에도 광속보다 커질 수는 없다. 가령 $V = 0.75c$, $\overline{v} = 0.75c$ 라면 $v_x = 0.96c$ 이 되고, $\overline{v} \to c$ 이 된다 해도 $v_x \to c$ 이 되어 v_x 는 광속보다 커질 수 없음을 알 수 있다.

Lorentz 변환의 축차 적용

상대속도 V 로 질주하고 있는 $\overline{K}$ 계에 대하여 속도 $\overline{V}$ 로 질주하는 또 하나의 기준계 $\overline{\overline{K}}$ 가 있다고 하면, $\overline{\overline{K}}$ 계의 K 계에 대한 상대속도 $\overline{\overline{V}}$ 는 속도가법의 정리에서 구한 식 (37) 에 따라

$$\overline{\overline{V}} = \frac{V + \overline{V}}{1 + \frac{V\overline{V}}{c^2}} \tag{38}$$

이 되므로, K 와 $\overline{\overline{K}}$ 사이에는, 식 (21) 에 따라

$$\overline{\overline{t}} = \frac{t - \frac{\overline{\overline{V}}}{c^2}x}{\sqrt{1 - \left(\frac{\overline{\overline{V}}}{c}\right)^2}}, \qquad \overline{\overline{x}} = \frac{x - \overline{\overline{V}}t}{\sqrt{1 - \left(\frac{\overline{\overline{V}}}{c}\right)^2}}, \qquad \overline{\overline{y}} = y, \qquad \overline{\overline{z}} = z \tag{39}$$

로서 주어지는 변환관계가 성립된다.
이 경우 K와 $\overline{K}$사이에는 Lorentz 변환 (21) 에 따라

$$\bar{t}=\frac{t-\frac{V}{c^2}x}{\sqrt{1-\left(\frac{V}{c}\right)^2}},\quad \bar{x}=\frac{x-Vt}{\sqrt{1-\left(\frac{V}{c}\right)^2}},\quad \bar{y}=y,\ \bar{z}=z \tag{40}$$

이 되고, 이들 4개의 성분 $\bar{t}$, $\bar{x}$, $\bar{y}$, $\bar{z}$ 와 $\overline{\overline{K}}$ 계의 4개의 성분 $\bar{\bar{t}}$, $\bar{\bar{x}}$, $\bar{\bar{y}}$, $\bar{\bar{z}}$ 와의 사이에는

$$\bar{\bar{t}}=\frac{\bar{t}-\frac{\overline{V}}{c^2}\bar{x}}{\sqrt{1-\left(\frac{\overline{V}}{c}\right)^2}},\quad \bar{\bar{x}}=\frac{\bar{x}-\overline{V}\bar{t}}{\sqrt{1-\left(\frac{\overline{V}}{c}\right)^2}},\quad \bar{\bar{y}}=\bar{y},\ \bar{\bar{z}}=\bar{z} \tag{41}$$

실제로 (40) 을 (41) 에 대입하면

$$\bar{\bar{t}}=\frac{\left(t-\frac{V}{c^2}x\right)-\frac{\overline{V}}{c^2}(x-Vt)}{\sqrt{1-\left(\frac{V}{c}\right)^2}\sqrt{1-\left(\frac{\overline{V}}{c}\right)^2}}=\frac{\left(1+\frac{V}{c}\frac{\overline{V}}{c}\right)t-\left(\frac{V}{c^2}+\frac{\overline{V}}{c^2}\right)x}{\sqrt{1-\left(\frac{V}{c}\right)^2}\sqrt{1-\left(\frac{\overline{V}}{c}\right)^2}}$$

$$\bar{\bar{x}}=\frac{\left(1+\frac{V}{c}\frac{\overline{V}}{c}\right)x-(V+\overline{V})t}{\sqrt{1-\left(\frac{V}{c}\right)^2}\sqrt{1-\left(\frac{\overline{V}}{c}\right)^2}},\quad \bar{\bar{y}}=y,\quad \bar{\bar{z}}=z \tag{42}$$

한편 (39) 에 (38) 을 대입하여 직접 구해보면, K와 $\overline{\overline{K}}$ 계의 변환 식은

$$\overline{t} = \frac{t - \dfrac{1}{c^2}\left(\dfrac{V+\overline{V}}{1+\dfrac{V}{c}\dfrac{\overline{V}}{c}}\right)x}{\sqrt{1-\left(\dfrac{\dfrac{V}{c}+\dfrac{\overline{V}}{c}}{1+\dfrac{V}{c}\dfrac{\overline{V}}{c}}\right)^2}} = \frac{\left(1+\dfrac{V}{c}\dfrac{\overline{V}}{c}\right)t - \left(\dfrac{V}{c^2}+\dfrac{\overline{V}}{c^2}\right)x}{\sqrt{\left(1+\dfrac{V}{c}\dfrac{\overline{V}}{c}\right)^2 - \left(\dfrac{V}{c}+\dfrac{\overline{V}}{c}\right)^2}}$$

$$= \frac{\left(1+\dfrac{V}{c}\dfrac{\overline{V}}{c}\right)t - \left(\dfrac{V}{c^2}+\dfrac{\overline{V}}{c^2}\right)x}{\sqrt{1-\left(\dfrac{V}{c}\right)^2}\sqrt{1-\left(\dfrac{\overline{V}}{c}\right)^2}}$$

이는 곧 (42) 와 일치함을 안다. 다른 나머지 성분 $\overline{\overline{x}}$, $\overline{\overline{y}}$, $\overline{\overline{z}}$ 도 같은 방법으로 확인할 수 있다.

제 3 장 시공세계의 기하학적 해석

□ 10. Lorentz 변환의 기하학적 해석

앞 단원에서 도출해낸 Lorentz 변환의 물리적 의미와 함께 K와 $\overline{K}$계로 대표되는 관성계 상호간의 시간공간의 대응구조를 기하학적으로 나타내고, 이를 해석하며 읽어내는 문제들에 대해 생각해 보기로 하자.

다음 그림은 속도 V로 질주하는 $\overline{K}$계를 정지계 K에서 지켜본 시간공간의 대응관계를 기하학적으로 나타낸 도면이다. 질주하는 좌표계의 시간과 공간은, 스스로 정지하고 있다고 믿는 관측자에 대해서는, 언제나 이처럼 상대 계의 좌표축이 안으로 오므라드는, 좌표축의 회전으로 비춰짐을 이미 Lorentz 변환 도출과정에서 간략하게 짚고 넘어왔다.

언제 어디서 무슨 일이 일어났다거나, 혹은 무엇이 거기 있었음을 나타내는 사상(事象)은 언제나 시간과 공간좌표 상의 하나의 점 $P(ct,\ x,\ y,\ z)$으로 표기된다. 이것을 우리는 **세계점**이라 한다. 이 도면은 사상 P를 $[ct,\ x]$ 좌표면에 점으로 나타낸 그림이다. 이 경우 사상 P 의 $\overline{K}$계의 좌표는 $P(c\bar{t}_P,\ \bar{x}_P)$ 이고, 이 동일한 사상 P의 K계에 대한 좌표는 $P(ct_P,\ x_P)$ 로서 각각 표기되어 있다.

특히 시간을 나타내는데 t 대신 ct를 쓰고 있음은, 그것이 여러 면에서 보다 간명하고 편리한 점이 있기 때문이다. 이에 대한 해설은 뒤에 다시 다루기로 하고 당분간 우리는 시간 t에 c라는 상수가 하나 붙어 따라 다닌다고만 알고 $ct=1$ 을 시간 단위로 알면 해석에 문제될 것은 없다.

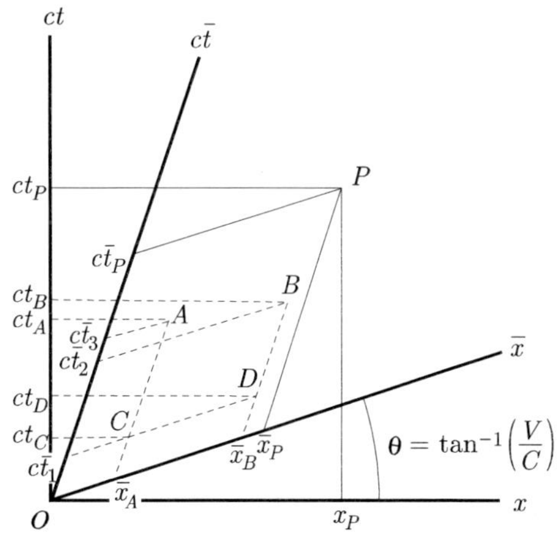

동시성의 문제

Lorentz 변환이 밝혀주는 동시적 사상의 의미를 다시 한 번 음미해 보자. 위의 도면에서 두 사상 C, D에 주목해 보자. $\overline{K}$계의 두 장소 $\bar{x}_A$, $\bar{x}_B$에서 같은 시각 $c\bar{t}_1$에 일어난 동시적 사상 C, D의 K계에 대한 시간은 각각 ct_C, ct_D로서 주어지므로 K계에서는 그것이 동시적 사상으로 관측되지 않는다. K 계에서 본 이들 두 사상은 C가 D보다 $(ct_D - ct_C)$ 만큼 시간상 먼저 일어난 것으로 관측된다.

한편 두 사상 A, B는 $\overline{K}$계에 있어서는 B가 A보다 먼저 일어난 사상임이 분명하다 즉 B는 $\overline{K}$계의 시간 $c\bar{t}_2$일 때 있었던 사상이고, A는 $c\bar{t}_2$ 이후의 시간 $c\bar{t}_3$일 때 일어난 사상이다. 그러나 이들 두 사상 A, B는 정지계 K의 관측자에게는 A가 B보다 먼저 일어난 사상으로 관측되어 두 사상의 시간상의 선후관계가 뒤바뀐 판단을 하게 된다. 이 결과로부터 우리는 어느 한 기준계의 서로 다른 두 장소에서 일어난 동시적 사상이 관측자의 운동상태에 따라 그것이 동시적 사상으로 관측되지 않을 뿐 아니라, 두 사상의 시간적 선후관계도 관측자의 운동상태에 따라 뒤바

뀔 수 있음을 알게 된다. 따라서 **서로 다른 두 장소에서 일어난 사상의 동시각 또는 동시성의 판단은 절대적인 것이 아님**을 알 수 있다. **그러나 같은 장소에서 일어난 두 사상의 시간적 선후관계는 어느 기준계에서 보아도 뒤바뀌지 않는다.**

□ 11. 강체 막대기의 세계상

다음 그림은 속도 V로 질주하고 있는 $\overline{K}$계에 고정된 막대기를 정지계 K에서 지켜본 경우를 나타낸 도면이다. 지금 $\overline{K}$계에 단위길이의 강체 막대기를 한쪽 끝을 원점 O에 맞추고, $\overline{x}$ 좌표축 위에 눕혀 놓았다고 하면, 다른 쪽 끝의 좌표는 $\overline{x}=1$ 이 된다. 이것을 K계에서 지켜보면 그것은 속도 V로 x 방향으로 질주하는 막대기이다. 도면에서 $\overline{x}$ 좌표 상의 $\overline{O\overline{E}}$ 는 바로 이 막대기를 나타낸다.

즉 $\overline{x} = \overline{O\overline{E}} = 1$, 이 막대기는 시간이 경과함에 따라 $\overline{c\overline{t}_2\, A_2}$, $\overline{c\overline{t}_3\, A_3}$ $\cdots$ 로 떠오른다. 그러니까 이 도면상의 $\overline{O\overline{E}}$는 $\overline{K}$계의 시간 $c\overline{t}=0$ 일 때 거기 있었음을 나타낸다. 이처럼 시간과 점유공간의 텃밭을 함께 나타낸 표상(表象)을 앞으로 우리의 **세계상**이라 부르자. 그러면 $\overline{c\overline{t}_1\, A_1}$는 $c\overline{t}<0$ 인 어느 한 시점 $c\overline{t}_1$ 일 때 있었던 이 막대기의 세계상인 셈이다.

시간의 경과와 함께 강체 막대기가 떠오르듯 $\overline{K}$계의 좌표축 $\overline{Oc\overline{t}}$, $\overline{O\overline{x}}$ 까지 떠오른다는 오해는 없기 바란다. 좌표축에 관해서 만은 $\overline{K}$계의 K계에 대한 상대운동은 K계에서 보면 $\overline{K}$계의 회전으로 비추어짐을 잊어서는 안 된다.

다음은 관측상의 길이(계량)에 대해 생각해 보자. 지금 $\overline{K}$계의 단위길이 $\overline{O\overline{E}}=1$ 을 K계에서 보면, 어떤 값으로 읽어질까?

운동상태에 있는 강체 막대기의 길이를 정지계 K계에 앉아서 재는 방법은 딱 한 가지 방법이 있을 뿐이다. 즉 $\overline{K}$계에 놓인 강체 막대기의 두

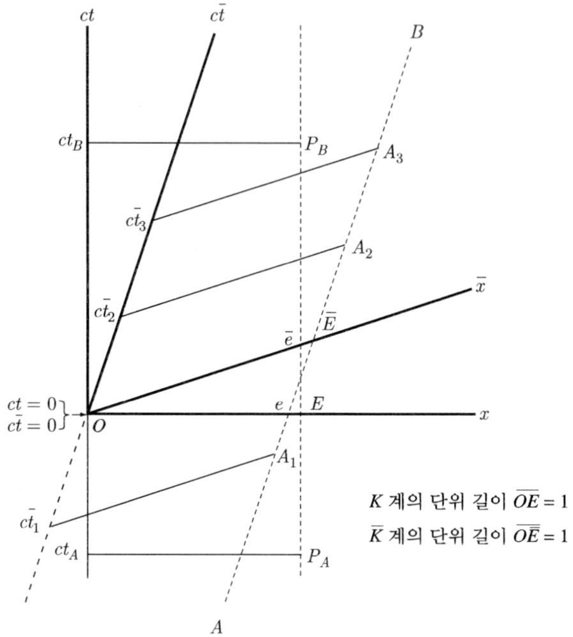

끝이, 관측자 (K계) 의 시간으로 어느 한 찰나 (시점) K계에 동시 투영되는 두 끝점의 간격을 가지고 판단하는 방법이 그것이다. 그림에서 $\overline{c\bar{t}_1\ A_1}$ 으로 그어진 막대기의 두 끝은 시간의 경과와 함께 떠오르면서 K계의 시간 $ct = 0$ 에서 K계의 두 공간 점 O와 e를 동시에 찍고 지나간다. 따라서 K계의 관측자로서는 $\overline{Oe}$를 이 막대기의 길이로 판단할 것임은 당연하다. 이는 분명 $\overline{Oe} < E\,(E = 1)$ 이 되어 K계의 단위길이 1보다 짧다. 즉 운동상태에 있는 강체 막대기의 길이는 정지계에서 보면 짧게 보인다.

이번에는 반대로 K계에 놓인 단위 길이의 강체 막대기를 $\bar{K}$계에서 읽어보자.

여기서도 단위 길이의 강체 막대기의 한쪽 끝을 K계의 원점 O에, 다른 끝을 x 좌표축 상의 E라 하자. 시간 $ct < 0$ 인 어느 시점에서 이 막대기는 $\overline{ct_A P_A}$ 에 있었다. 시간의 경과와 함께 이 두 끝은 $\bar{K}$계의 시간 $c\bar{t} =$

0 에서 $\bar{K}$ 계의 원점 $\bar{x}=0$ 와 $\bar{x}=\bar{e}$ 인 두 점을 동시에 찍고 지나간다. 따라서 $\bar{K}$ 계의 관측자로서는 이 막대기의 길이를 $\overline{O\bar{e}}$ 로 읽을 것임은 물론이다. 즉 $\overline{O\bar{e}}<\bar{E}$ $(\bar{E}=1)$ 이므로 $\overline{O\bar{e}}$ 는 $\bar{K}$ 계의 단위길이 $\bar{E}=1$ 보다 짧다. 그러니까 K 계에서 $\bar{K}$ 계에 있는 강체 막대기를 보든, 반대로 $\bar{K}$ 계에서 K 계의 것을 보든, 어느 경우에도 **관측자에 대하여 상대적으로 운동상태에 있는 강체 막대기(운동방향과 평행한 선상의 공간간격)는 계측상 언제나 단축된 값으로 관측된다.**

□ 12. 기준 좌표계의 측도 단위

아래의 그림은 ct, x 좌표면에 관한 Lorentz 변환의 대응관계를 나타낸 도면이다. 이 도면상에 $\overline{OE}$ 는 K 계의 x 성분의 측도 단위이고, $\overline{O\bar{E}}$ 는 $\bar{K}$ 계의 $\bar{x}$ 성분의 측도 단위이다. K 계에서 $\bar{K}$ 계를 보건, $\bar{K}$ 계에서 K 를 보든, 그것은 언제나 상대적이고 상호적인 것이므로, 그림에서

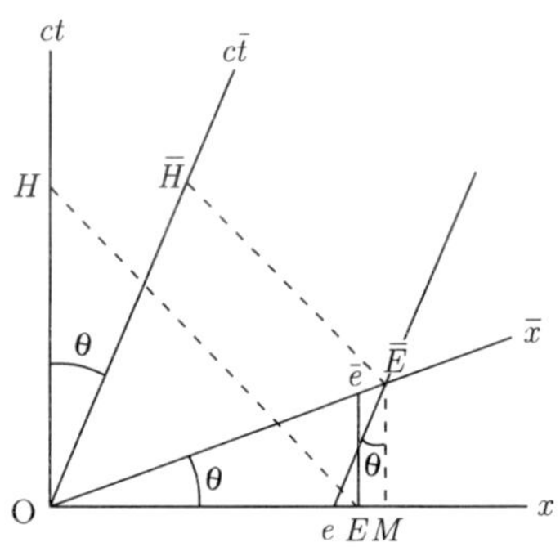

$$\overline{OE}=E,\ \overline{Oe}=e,\ \overline{O\bar{E}}=\bar{E},\ \overline{O\bar{e}}=\bar{e}$$

로 각각 표기하면

$$\frac{e}{E}=\frac{\bar{e}}{\bar{E}} \qquad \therefore\ e\bar{E}=\bar{e}E\ (1)$$

인 관계가 성립되어야 한다.

점 $\bar{E}$ 에서 $\overline{Ox}$ 좌표축에 수직으로 내린 선분 $\overline{\bar{E}M}$ 를 그어 놓고, $\overline{OM}=M$ 로 표기하여 피타고라스의 정리를 적용하면

$$\bar{E}^2=M^2+(\overline{\bar{E}M})^2$$

$$= M^2 + M^2 \tan^2\theta$$

$$= M^2(1 + V^2/c^2)$$

$$\therefore \ \overline{E} = M\sqrt{1 + V^2/c^2} \tag{2}$$

한편,

$$e = M - \overline{eM} = M - \overline{\overline{E}M}\tan\theta = M - (M\tan\theta)\tan\theta$$

$$= M(1 - V^2/c^2)$$

$$\therefore \ e = M(1 - V^2/c^2) \tag{3}$$

또 $$\overline{e}^2 = E^2 + (\overline{\overline{e}E})^2 = E^2 + E^2\tan^2\theta = E^2(1 + \tan^2\theta)$$

$$\therefore \ \overline{e} = E\sqrt{1 + V^2/c^2} \tag{4}$$

(2) 와 (3) 에서 M 을 소거하면

$$\overline{E} = \frac{e\sqrt{1 + V^2/c^2}}{1 - V^2/c^2} \tag{5}$$

(4) 와 (5) 를 (1) 에 대입하면

$$\frac{e}{E} = \frac{\overline{e}}{\overline{E}} = \frac{E}{e}(1 - V^2/c^2)$$

$$\therefore \ e = E\sqrt{1 - V^2/c^2} \tag{6}$$

시간축 기본 단위에 대해서도 마찬가지로, $\overline{OH} = H$, $\overline{OE} = E$ 는 K 계의 시간 ct 와 공간 x 의 기본 단위이고, $\overline{O\overline{H}} = \overline{H}$, $\overline{O\overline{E}} = \overline{E}$ 는 $\overline{K}$ 계의 시간과 공간좌표의 기본 단위이다.
(5) 와 (6) 으로부터

$$\overline{E} = \sqrt{\frac{1 + V^2/c^2}{1 - V^2/c^2}}\, E \tag{7}$$

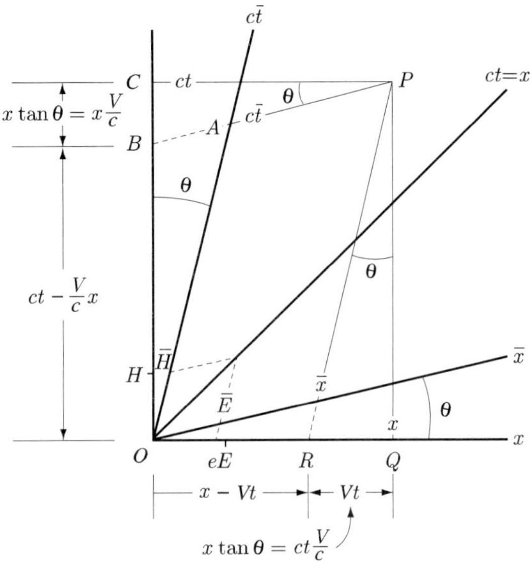

시간단위에 대해서도

$$\bar{H} = \sqrt{\frac{1+V^2/c^2}{1-V^2/c^2}}\,H \tag{8}$$

인 관계를 얻는다.

위의 결과로부터 도면상에 지정된 세계점 P에 대한 두 좌표계의 좌표값 상호간의 관계를 알아보자.

도면으로부터 $c\bar{t}$, ct, $\left(ct-\frac{V}{c}x\right)$ 등의 좌표값은

$$c\bar{t} = \frac{\overline{OA}}{\bar{H}}, \qquad ct = \frac{\overline{OC}}{H}, \qquad \left(ct-\frac{V}{c}x\right) = \frac{\overline{OB}}{H}$$

첫째와 셋째 식으로부터

$$\frac{c\bar{t}}{\left(ct-\frac{V}{c}x\right)} = \frac{\overline{OA}}{\overline{OB}}\cdot\frac{H}{\bar{H}} = \frac{\bar{E}}{e}\cdot\frac{E}{\bar{E}} = \frac{E}{e}$$

이 비례관계에 (6) 을 적용하면

$$\frac{c\bar{t}}{\left(ct-\dfrac{V}{c}x\right)}=\frac{E}{e}=\frac{1}{\sqrt{1-V^2/c^2}}$$

이것으로부터

$$c\bar{t}=\frac{ct-\dfrac{V}{c}x}{\sqrt{1-V^2/c^2}} \tag{9}$$

이는 곧 Lorentz 변환 (2-21) 의 첫째 식에 다름 아니다.

같은 방법으로 공간좌표 성분에 대해서도 같은 수순에 따라

$$\bar{x}=\frac{\overline{O\bar{x}}}{\bar{E}},\quad x=\frac{\overline{OQ}}{E},\quad (x-Vt)=\frac{\overline{OR}}{E}$$

첫째와 셋째 식으로부터

$$\frac{\bar{x}}{(x-Vt)}=\frac{\overline{O\bar{x}}}{\overline{OR}}\frac{E}{\bar{E}}=\frac{\bar{E}}{e}\cdot\frac{E}{\bar{E}}=\frac{E}{e}$$

여기에 (6) 을 적용하면

$$\bar{x}=\frac{x-Vt}{\sqrt{1-V^2/c^2}} \tag{10}$$

이는 Lorentz 변환 (2-21) 의 둘째 식이다.

이로서 우리는 도면상에서 K와 $\bar{K}$계 사이의 시간과 공간성분의 대응관계를 완전히 해석하고 수치로서 읽어내는 방법을 알았다.

□ 13. 빛 전달 특성의 상대성

빛을 방출하는 광원의 K계에 관한 좌표를 $P(ct_0, x_0, y_0, z_0)$, 이 동일한 점 P의 $\bar{K}$계에 관한 좌표를 $P(c\bar{t}_0, \bar{x}_0, \bar{y}_0, \bar{z}_0)$ 라 하고, 이 P로부터

방출된 빛이 사방으로 퍼져나갈 때 그 빛 파면(波面) 상의 한 점을 $Q(ct,\ x,\ y,\ z)$ 라 하면, 시간의 경과와 함께 K 와 $\overline{K}$ 계에서 다 같이

$$c^2(t-t_0)^2-(x-x_0)^2-(y-y_0)^2-(z-z_0)^2=0 \tag{11}$$

$$c^2(\bar{t}-\bar{t}_0)^2-(\bar{x}-\bar{x}_0)^2-(\bar{y}-\bar{y}_0)^2-(\bar{z}-\bar{z}_0)^2=0 \tag{12}$$

이 성립되어야 한다는 것이 바로 **광속불변의 원리**이다.
$\overline{K}$ 계의 K 계에 대한 상대운동을 지금까지 위에서 다룬 바와 같이 두 기준계의 좌표계로 특정하면, $y,\ z$ 성분은 Lorentz 변환에서 불변하므로, 이를 도외시하고, 윗식의 $[ct,\ x]$, $[c\bar{t},\ \bar{x}]$ 좌표면만을 들여다 보면,

$$c^2(t-t_0)^2-(x-x_0)^2=0 \tag{13}$$

$$c^2(\bar{t}-\bar{t}_0)^2-(\bar{x}-\bar{x}_0)^2=0 \tag{14}$$

이것이 K 와 $\overline{K}$ 계에서 다 같이 성립된다.

가령 K 와 $\overline{K}$ 계의 두 좌표계가 완전히 포개지는 순간 바로 그 때 원점 O 에서 빛을 발사했다고 하면, 이 경우 $ct_0=0,\ x_0=0,\ c\bar{t}_0=0,\ \bar{x}_0=0$ 이므로 윗 식 (13), (14) 는

$$c^2t^2-x^2=0, \qquad c^2\bar{t}^{\,2}-\bar{x}^{\,2}=0 \tag{15}$$

이것을 인수분해하여 다시 쓰면

$$(ct+x)(ct-x)=0, \quad (c\bar{t}+\bar{x})(c\bar{t}-\bar{x})=0 \tag{16}$$

위 첫째 식에서 $ct=-x,\ ct=x$ 로서 주어지는 두 직선 $\overline{OA}$, $\overline{OB}$ 는 각각 시각 : $ct_0=c\bar{t}_0=0$ 일 때 (두 좌표계 K 와 $\overline{K}$ 계가 완전히 포개지는 시점) 원점 O 에서 방출된 빛이 $-x$ 방향과 $+x$ 방향으로 퍼져나가는 빛 파면의 확산을 나타낸다.
$\overline{K}$ 계에 관한 빛 파면의 확산도 식 (16) 의 둘째 식으로부터 $c\bar{t}=-\bar{x}$,

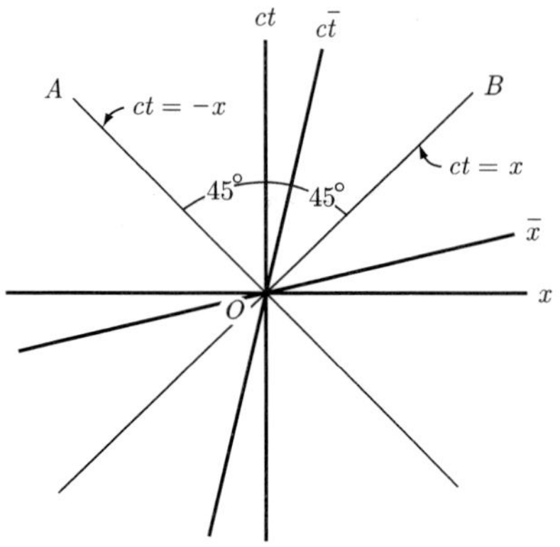

$c\bar{t} = \bar{x}$ 로 주어지는, K계의 그것과 완전히 포개지는 두 직선 $\overline{OA}$ 와 $\overline{OB}$ 이 된다.

그러니까 K와 $\overline{K}$계에서 다 같이 ct 와 x 좌표축이 만드는 각을 2등분하는 직선이 곧 빛 파면의 확산을 나타내는 세계궤적이 된다.

다음 그림은 보다 일반적인 경우의 K와 $\overline{K}$계에 관한 빛 파면의 확산을 나타낸 도면이다. 광원의 세계점 P는 K계에 관해서는 $P(ct_0, x_0)$ 이고, 이 동일한 점의 $\overline{K}$계에 관한 대응점은 $P(c\bar{t}_0, \bar{x}_0)$ 로 잡아 놓았다. $\overline{K}$계의 관측자로서는 장소 $\bar{x}_0$ 에서 시간 $c\bar{t}_0$ 일 때 발사된 빛이 시간의 경과와 함께 $\overline{P\bar{A}}$, $\overline{P\bar{B}}$ 로 퍼져나가는 것이 관측될 것이고, 따라서 이 경우 두 방향으로 퍼져나가는 빛 파면은 광원의 위치 $\bar{x}_0$ 를 중심으로 같은 시간에 같은 거리 $\overrightarrow{\bar{C}\bar{A}}$ 와 $\overrightarrow{\bar{C}\bar{B}}$ 로, 같은 속도 c 로서 전파됨을 실측을 통해 확인할 수 있을 것이다.

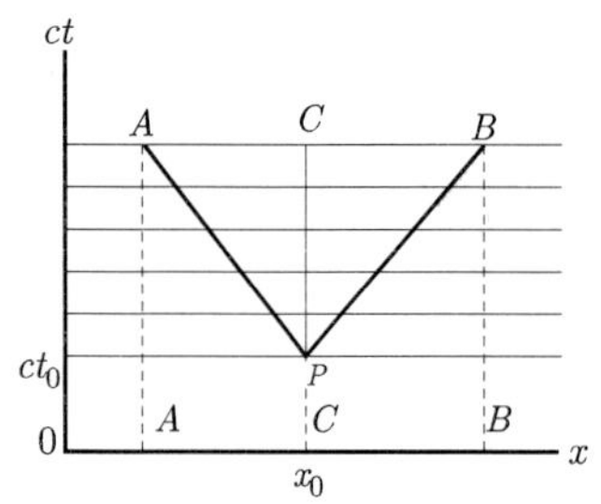

K 계에 관한 빛 파면의 확산 특성

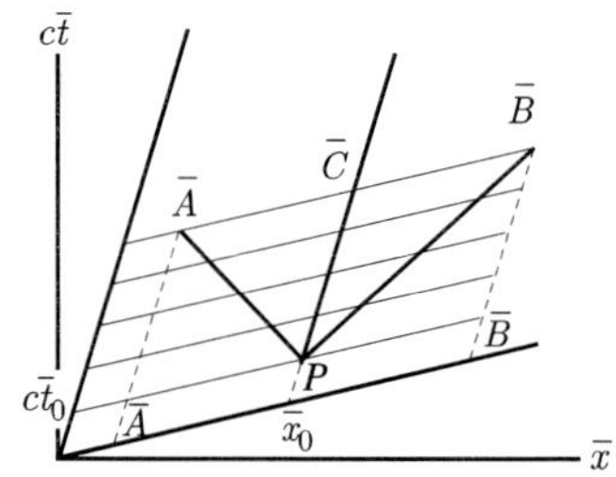

K 계에서 본 $\overline{K}$ 계의 빛 파면의 확산 특성

$\overline{K}$계에 관한 위 도면은 어디까지나 K계에서 바라 본 그림임을 잊어

서는 안 된다. $\overline{K}$ 계에 자리 잡고 있는 관측자에게는 자기계의 K 계에 대한 상대 운동은 생각할 필요가 없으므로 당연히 그가 판단하는 빛 파면의 확산은 위 그림의 정지계 K 계에서와 같은 그림으로 그려 질 것임은 말할 것도 없다.

□ 14. 시공세계의 계량 구조

우리는 Lorentz 변환에서 시간과 공간이 대등한 자격으로 세계의 한 축을 이루고 있음을 보았다. 그것은 곧 시간은 결코 공간과 분리시켜 다루어 질 수 없음을 뜻한다. 우리에게 감지되는 모든 사상은 언제나 시간과 3개의 공간성분으로 구성되는 4차원 시공 연속체 안의 하나의 점으로 나타낼 수 있다. 따라서 사상을 지정하는 참된 요소는, 공간의 한 점도 시간상의 한 순간도 아닌, 시간과 공간이 함께하는 $P(ct,\ x,\ y,\ z)$ 로서 지정되는 4차원 시공세계의 한 점이다. 이를 우리는 **세계점**이라 한다. 식 (11) 과 (12) 에서 볼 수 있듯, 빛 신호의 발신과 착신에 관한 사상뿐 아니라, 이를테면 어느 한 물질 입자가 세계점 $P(ct_1,\ x_1,\ y_1,\ z_1)$ 에서 다음 순간 점 $Q(ct_2,\ c_2,\ y_2,\ z_2)$ 로 이동한 것이 관측되었다면, 이들 두 세계점의 좌표차: $c\Delta t = c(t_2 - t_1)$, $\Delta x = x_2 - x_1$, $\Delta y = y_2 - y_1$, $\Delta z = z_2 - z_1$ 에 대하여

$$\Delta S^2 = c^2\Delta t^2 - \Delta x^2 - \Delta y^2 - \Delta z^2 \tag{17}$$

로서 주어지는 양 ΔS 를 우리는 이들 두 세계점 P, Q 의 **세계간격**이라 정의한다.

여기서 우리는 시간좌표를 t 대신 ct 를 도입하여 $ct = 1$ 을 시간의 기본 단위로 삼고 있다. 따라서 $ct = 1$ 이 되는 시간, 즉 $t = (3\times 10^{10})^{-1}$ 초를 우리는 **광시**라 부른다. 그러니까 $t = (3\times 10^{10})^{-1}$ 초는 빛이 단위 길이 1 cm를 통달하는데 소요되는 시간인 셈이다. ct 와 x 는 다 같이 길이의 제원 $[L]$ 을 갖는 것이므로 S^2 은 그 제원이 면적의 제원 $[L^2]$ 이 된다.

세계간격 ΔS는 어느 관성계에서나 시계와 강체 막대기로 된 자(尺)를 사용하여 실측으로 그 값을 구할 수 있는 양이다. 이렇게 실측되는 양 ΔS는 어느 관성계에서 측량(관측) 해도 같다. 즉 Lorentz 변환에 불변이고 또한 불변량(스카라) 이다.

서로 인접한 두 사상 P, Q를 잇는 선분은 시공 연속체에서 $c\Delta t$, Δx, Δy, Δz를 4개의 성분으로 하는 4차원의 시공벡터를 형성하고, ΔS는 이 벡터의 크기를 의미한다. 따라서 이 4차원 벡터의 각 성분은, 기준계의 선정 여하에 따라 달라지겠지만 그 크기 ΔS는 고정된 두 세계점 P와 Q에 의해 결정되므로, 기준계의 선정과는 무관한 불변량이다. 이를 우리는 **세계간격 불변의 원리**라 한다. 2점간의 거리 ΔS이 식 (17) 로서 정의되는 4차원 시공연속체를 우리는 **Minkowski 공간**이라 한다.
그러니까 $c\Delta t$, Δx, Δy, Δz 로서 주어지는 벡터성분의 두 기준계 K와 $\overline{K}$ 사이의 변환은, 수학이 가르치는 바에 따라 좌표의 변환과 같은 변환측에 의해 변환된다. 따라서 4차원 시공벡터의 성분 $c\Delta t$, Δx, Δy, Δz의 Lorentz 변환은, $\beta = V/c$ 로 표기하면

$$c\Delta\bar{t} = \frac{c\Delta t - \beta\Delta x}{\sqrt{1-\beta^2}}, \qquad \Delta\bar{x} = \frac{\Delta x - \beta c\Delta t}{\sqrt{1-\beta^2}},$$

$$\Delta\bar{y} = \Delta y, \qquad \Delta\bar{z} = \Delta z \tag{18}$$

로서 주어지고, 이 (18) 의 역변환은

$$c\Delta t = \frac{c\Delta\bar{t} + \beta\Delta\bar{x}}{\sqrt{1-\beta^2}}, \qquad \Delta x = \frac{\Delta\bar{x} + \beta c\Delta\bar{t}}{\sqrt{1-\beta^2}},$$

$$\Delta y = \Delta\bar{y}, \qquad \Delta z = \Delta\bar{z} \tag{19}$$

로서 각각 주어진다.

3차원 Euclid 공간에서 2점 : $P(x_1, y_1, z_1)$, $Q(x_2, y_2, z_2)$를 잇는 선분은 $\Delta x = x_2 - x_1$, $\Delta y = y_2 - y_1$, $\Delta z = z_2 - z_1$ 를 3개의 성분으로 하는

하나의 벡터로서 나타낼 수 있다. 그러니까 $\overrightarrow{PQ}$를 잇는 이 벡터의 크기를 $\varDelta S$라 하면,

$$\varDelta S^2 = \varDelta x^2 + \varDelta y^2 + \varDelta z^2 \tag{20}$$

로서 주어진다.

식 (17) 의 $\varDelta S$는 바로 이 (20) 에 상응하는 의미를 지닌 4차원 시공벡터의 크기를 의미한다. 벡터의 크기는 좌표변환과는 무관하므로 시공벡터의 크기 (17) 의 $\varDelta S^2$은 Lorentz 변환에서 불변임은 물론이다.

4개의 성분 $c\varDelta t$, $\varDelta x$, $\varDelta y$, $\varDelta z$를 K계에 관한 좌표 성분이라 하고, 식 (17) 을 $\overline{K}$계로 Lorentz 변환하면, 이는 위 변환식 (19) 에 따라

$$\varDelta S^2 = \left(\frac{c\varDelta \bar{t} + \beta \varDelta \bar{x}}{\sqrt{1-\beta^2}}\right)^2 - \left(\frac{\varDelta \bar{x} + \beta c \varDelta \bar{t}}{\sqrt{1-\beta^2}}\right)^2 - \varDelta \bar{y}^2 - \varDelta \bar{z}^2$$

$$= c^2 \varDelta \bar{t}^2 - \varDelta \bar{x}^2 - \varDelta \bar{y}^2 - \varDelta \bar{z}^2$$

이로서 식 (17) 은 Lorentz 변환에서 불변함을 안다. 따라서 식 (17) 은 기준계의 선정과 관계없이 2점 P, Q에 의해서만 결정되는 불변량 불변식임을 알았다.

4차원 시공세계 (Minkowski 세계) 에서 거리라는 의미를 지닌 이 $\varDelta S$를 2점 P, Q를 잇는 간격 대신 기준 좌표계의 원점 O로부터 점 (ct, x, y, z) 에 이르는 거리를 구하는 식으로 바꾸어 쓰면,

$$S^2 = c^2 t^2 - x^2 - y^2 - z^2 \tag{21}$$

y, z 성분을 생략하고, x 하나만으로 공간성분을 대신하면, 윗 식은

$$S^2 = (ct)^2 - x^2 \tag{22}$$

이는 $[ct, x]$ 좌표면에서 원점 O로부터 점 (ct, x) 에 이르는 거리 S를 구하는 식이다. 이 식은 한편으로 시간과 공간의 기본 단위를 지정하는

계량 기본 형식이라는 매우 중요한 의미도 동시에 지니고 있다. 가령, 량 S가 $+1$ 또는 -1 이 되는 세계선소를 생각해 보자. 식 (22) 에서 $x=0$, $ct=1$ 이면 분명 $S=1$ 이다. $ct=1$ 은 빛이 단위 길이를 건너가는데 소요되는 시간이다. 그러니까 $S=1$ 은 곧 계에 비치되어 있는 시계의 단위시간(계의 시간 단위) 을 지정하는 요건이다. 또 한편 $S=-1$ 은 $ct=0$ $x=1$ 일 때 성립된다. 즉 $S=-1$ 은 공간 좌표 x 의 기본 단위(공간 간격의 측도단위) 를 지정하는 요건이다. 이렇듯 식 (21) 또는 (22) 의 량 S 는 시간과 공간의 계량기본단위를 지정하는, 어느 기준 계에 관해서도 같은 의미를 지닌 매우 중요한 불변식임을 잊어서는 안된다.

다음은 $[ct, x]$ 좌표면에 주목하고, 이 2차원 시공세계의 거리를 지배하는 계량 구조와 그 기하학적 성질에 대해 알아보자.
위 (22) 를 인수분해하면

$$S^2=(ct+x)(ct-x)$$

여기서

$$X=ct+x, \quad Y=ct-x \tag{23}$$

로서 주어지는 X, Y를 도입하면 (22) 는

$$S^2=XY \tag{24}$$

$S=0$ 으로 놓고, 이를 만족하는 X, Y를 생각해 보자.

식 (23) 의 첫째 식에서 $X=0$ 로 놓으면 $ct=-x$, 이는 그림에서 $\overline{OY}$ 직선이 되고, 그 둘째 식에서 $Y=0$ 이면 $ct=x$, 이는 직선 $\overline{OX}$ 를 나타낸다. 그러니까 $\overline{OX}$, $\overline{OY}$ 직선상의 점은 $S^2=0$ 을 만족한다. 따라서 $\overline{OX}$, $\overline{OY}$ 직선상의 모든 점은 원점 O 로부터의 거리가 0 인 등거리 궤적인 셈이다.
한편 식 (22) 는 그 자체가 $[ct, x]$ 좌표면 위에 그려지는 쌍곡선을 나타내는 방정식이라는 점에 주목할 필요가 있다.

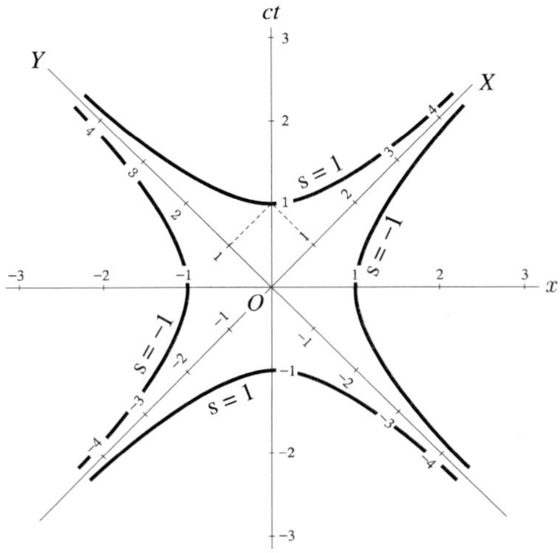

이 식은 량 S가 $S>0$ 이면, ct 좌표축을 주축으로, $\overline{OX}$, $\overline{OY}$를 점근선으로 하는 2엽 직각 쌍곡선이 되고, $S<0$ 이면 x 좌표축을 주축으로 하는 2엽 직각 쌍곡선으로 바꾸어진다. 이 경우 량 S는 원점 O로부터 쌍곡선상의 임의의 한 점에 이르는 거리를 지정한다.

그러니까 S는 2차원 시공세계에서 거리를 나타내는 량임을 알 때, 두 직선 $\overline{OX}$, $\overline{OY}$ 선상의 모든 점은 $S=0$ 를 만족하므로, 이들 두 직선 상의 모든 점은 원점 O로부터의 거리가 0 인 등거리 궤적이 되고, 차례로 $S=1, 2, 3, \cdots$ 또는 $S=-1, -2, -3, \cdots$ 에 따라 원점 O로부터 등거리를 잇는 점의 궤적이 2차원 시공세계에서는 다음 그림과 같이 쌍곡선으로 주어짐을 알 수 있다.

이 결과로부터 우리는 원점 O로부터 등거리에 있는 점의 궤적이 Euclid 2차원 평면(x, y 좌표면)에서는 원이 되는데 반하여, 이에 상응하는 $[ct, x]$ 면의 2차원 Minkowski 시공세계에서는 쌍곡선이 된다는 사실에서, 거리를 지배하는 시공세계의 기하학적 계량구조가 Euclid 공간과 얼마나 확연히 구별되고 있는지를 깨닫게 된다.

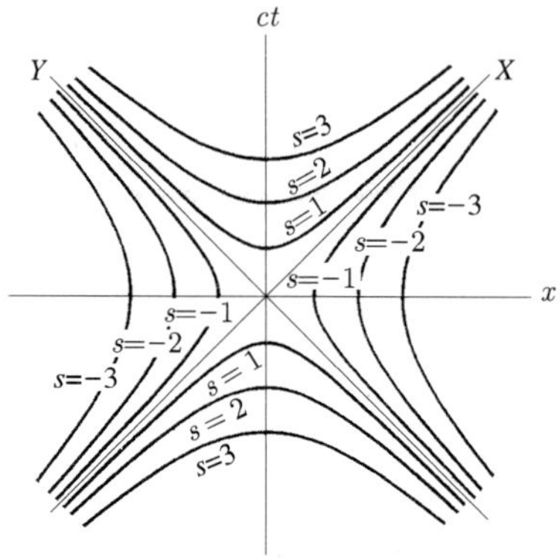

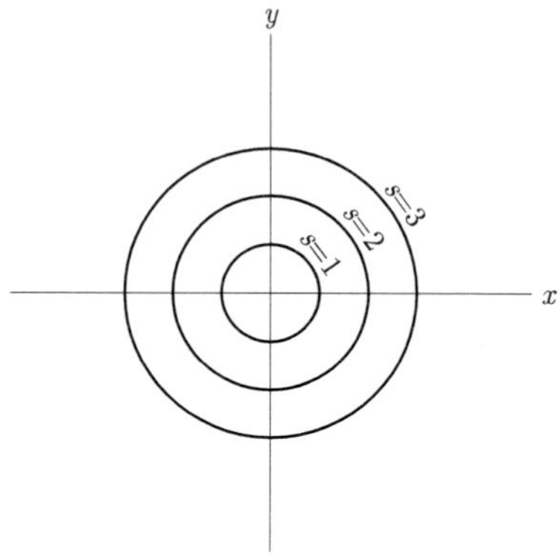

□ 15. 광원추와 시공세계

3차원 Euclid 공간에서 점 $P(x_0,\ y_0,\ z_0)$ 에서 점 $Q(x,\ y,\ z)$ 에 이르는 선분을 벡터 $\mathbf{x}$ 로 나타내면, 이 $\mathbf{x}$ 의 제곱 $\mathbf{x}^2=(\mathbf{x}\mathbf{x})$ 는

$$(\mathbf{x}\mathbf{x})=(x-x_0)^2+(y-y_0)^2+(z-z_0)^2 \tag{25}$$

로서 주어진다.

그러니까 $(\mathbf{x}\mathbf{x})$ 는 벡터 $\overrightarrow{PQ}$ 의 크기의 제곱을 나타낸다.

4차원 시공 좌표계에서도 서로 인접한 두 세계점 $P(ct_0,\ x_0,\ y_0,\ z_0)$ 에서 점 $Q(ct,\ x,\ y,\ z)$ 에 이르는 벡터를 $\overrightarrow{PQ}=\mathbf{x}\,(ct-ct_0,\ x-x_0,\ y-y_0, z-z_0)$ 로 표기하면, 이 벡터 $\overrightarrow{PQ}$ 의 크기는

$$(\mathbf{x}\mathbf{x})=c^2(t-t_0)^2-(x-x_0)^2-(y-y_0)^2-(z-z_0)^2 \tag{26}$$

의 제곱근으로 구해진다.

그러니까 윗 식의 $(\mathbf{x}\mathbf{x})$ 는 식 (17) 의 $\varDelta S^2$ 에 상응하는 식이다. 3차원

Euclid 공간에서 벡터 $\mathbf{x}(x, y, z)$ 의 제곱 $(\mathbf{x}\mathbf{x})$ 은 언제나 그 값이 일정량의 양수이고, x, y, z 의 모든 성분이 0 일 때에 한해서 0 이 되는데 반하여, 4차원 시공벡터는 그것이 그렇게 되지 않는다. 시공벡터 $\mathbf{x}(ct, x, y, z)$ 는, 그것의 제곱 $(\mathbf{x}\mathbf{x}) = S^2$ 은 양수, 음수, 또는 0 이 되는 세 가지 경우가 모두 존재한다. 벡터 $\mathbf{x}$ 에 대하여 $(\mathbf{x}\mathbf{x}) > 0$ 이면 **시간성 벡터**, $(\mathbf{x}\mathbf{x}) < 0$ 이면 **공간성 벡터**, $(\mathbf{x}\mathbf{x}) = 0$ 이면 **광로(光路) 벡터**로 각각 구분한다. 4차원 시공벡터 $\mathbf{x}(ct, x, y, z)$ 는 Euclid 공간의 3차원 벡터와는 달리 $(\mathbf{x}\mathbf{x}) = 0$ 일지라도 벡터의 성분이 모두 0 이라고 단정할 수는 없다. 벡터 $\overrightarrow{PQ} = \mathbf{x}$ 이 빛 신호로 연결되는 세계 선상에 깔리면 $(\mathbf{x}\mathbf{x}) = 0$ 이 성립된다. 그러니까 임의의 세계점 $P(ct_0, x_0, y_0, z_0)$ 에 대하여 점 $Q(ct, x, y, z)$ 의 집합이 빛 신호로 연결되는 세계 선상에 깔리면

$$c^2(t-t_0)^2 - (x-x_0)^2 - (y-y_0)^2 - (z-z_0)^2 = 0$$

이 성립된다.

이 식은 3차원 공간에서 점 P를 중심으로 하는, 반경이 $c(t-t_0)$ 인 구면(球面) 의 방정식이다. 시간 t 가 커짐에 따라 이 동심구면(同心球面) 의 반경은 커진다. 편의상 3차원 직교좌표계의 z 축을 시간축 ct 로 정하고 3개의 공간좌표 x, y, z 를 평면좌표 x, y 로 대체하여 윗 식을

$$c^2(t-t_0)^2 - (x-x_0)^2 - (y-y_0)^2 = 0 \tag{27}$$

로 바꾸어 쓰면 이는 점 $P(ct_0, x_0, y_0)$ 를 정점으로 하는 원추면의 방정식이 된다.

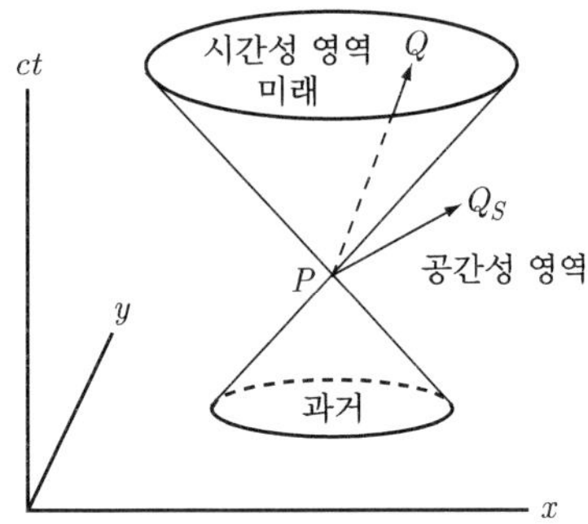

이 원추면은 빛 확산 경로를 나타내는 것으로 이를 우리는 **광원추(光圓錐)** 라 일컫는다. 이 원추면은 이를 경계로 세계를 시간성 영역과 공간성

영역으로 갈라놓는다.

시간성 영역은 다시 점 P를 정점으로 과거와 미래를 향한 두 원추면으로 나누어진다. 점 P에 대한 상대점 Q가 원추면 내에 있으면, 세계벡터 $\overrightarrow{PQ}$는

$$(\overrightarrow{PQ})^2 = c^2(t-t_0)^2 - (x-x_0)^2 - (y-y_0)^2 > 0$$

인 시간성 벡터가 되고, 점 Q가 원추면 밖일 때는 $(\overrightarrow{PQ})^2 < 0$ 이 되어 공간성 벡터가 된다.

세계 벡터 $\overrightarrow{PQ} = \mathbf{x}$ 의 시간성 또는 공간성의 구별은 세계 간격 불변의 원리에 따라 절대적이다. 즉 어느 기준계에 관해서도 $(\mathbf{x}\mathbf{x})$ 의 크기와 부호는 불변이다. 점 P로부터 미래를 향해 열려 있는 원추면은, 점 P에서 방출된 빛이 시간 t의 경과와 함께 x, y 평면위에 동심원(同心圓)을 그리며 사방으로 퍼져나가는 빛 파면의 확산을 나타낸다. 모든 물리 실체의 운동은 빛 보다 빠를 수는 없으므로 언제나 미래를 향한 원추면 내에서 세계선을 그린다. 따라서 정지하고 있는 물체는 시간축 ct와 평행한 세계선을 그리고, P를 기점으로 등속운동을 하는 질점은 시간축 ct와 원추면 내에 일정한 기울기의 직선을 그린다. $ct=$(일정) 인 시간 절단면은 어느 한 시점에 대한 계의 모든 물리 실체의 위치를 지정해 주고, 서로 다른 두 개의 실체는 이들 두 실체의 세계선이 교차될 때 만난다. 동시에 일어난 모든 사상은 같은 시간 절단면 상의 점으로 나타난다.

세계의 한 점 P에서 일어난 물리적 사상은 P를 정점으로 미래를 향해 열려있는 원추면 내의 시간성 영역의 점 Q로는 그 작용이나 영향을 미칠 수는 있어도 이 원추면 외부세계(공간성 영역)로는 아무런 작용이나 영향을 미칠 수 없다.

점 P에서 발생한 물리적 사상이 원인이 되는 어떤 형태의 인과관계도 미래를 향한 원추면과 그 내부 영역에 대해서만 능동적으로 작용할 수 있을 뿐, 원추면 외부 세계의 영역으로는 아무런 작용 연관을 가질 수 없다.

점 P를 지나는 시간 절단면은 공간의 모든 점을 과거와 미래로 갈라놓는다. 점 P에 전달되는 모든 수동적 작용은 점 P보다 과거에 있었던,

즉 과거를 향한 원추면과 그 내부에서 발생한 원인에 의해 제공된다. 점 P에 도달되는 빛은, 그러니까 점 P에 위치한 관측자의 망막에 들어오는 모든 시각적 영상은, P로부터 과거를 향한 원추면 상에서 일어난 과거지사(過去之事)의 정보들이다. 따라서 아무리 가까운 지척에서 일어난 사상이라 해도 우리는 지각한 과거의 영상들을 보고 있을 뿐 현재를 바로 직시(直視)할 수는 없다.

□ 16. 고유시간

어느 한 물질입자가 기준계 K에 대하여 미소시간 cdt 사이에 dx, dy, dz 만큼 이동했다면 $\left(\frac{dx}{dt}, \frac{dy}{dt}, \frac{dz}{dt}\right)$는 이 K계에 대한 입자의 속도성분이다. 입자의 운동은 광속보다 빠를 수는 없으므로, 이 입자의 이동에 따른 세계선소 ds는

$$ds = \sqrt{c^2dt^2 - dx^2 - dy^2 - dz^2}$$

$$= cdt\sqrt{1 - \left(\frac{dx}{cdt}\right)^2 - \left(\frac{dy}{cdt}\right)^2 - \left(\frac{dz}{cdt}\right)^2}$$

$$= cdt\sqrt{1-\beta^2} \quad \text{단 } \beta = \frac{v}{c}$$

$$v = \sqrt{\left(\frac{dx}{dt}\right)^2 + \left(\frac{dy}{dt}\right)^2 + \left(\frac{dz}{dt}\right)^2} \tag{28}$$

로 쓸 수 있다.

이 동일한 입자를 기준계 $\overline{K}$에서 보았을 때는 K계와는 다른 성분 $cd\bar{t}$, $d\bar{x}$, $d\bar{y}$, $d\bar{z}$ 으로 관측될 것이다. 그러나 ds는 불변량이므로

$$cdt\sqrt{1-\beta^2} = cd\bar{t}\sqrt{1-\overline{\beta}^2} \tag{29}$$

이 성립된다. 여기서 $\bar{\beta}=\bar{v}/c$ 이고, $\bar{v}$ 는 $\bar{K}$ 계에 대한 입자의 상대 속도이다. 특히 $\bar{K}$ 계를 이 입자와 더불어 함께 이동하는 좌표계라 하면, 이 입자는 이 계에 대하여 정지상태에 있는 것이 되므로 $\bar{v}=0$ 이 되어 (29) 는

$$ds = cdt\sqrt{1-\beta^2} = cd\bar{t} \tag{30}$$

이 된다. 따라서 이 경우 K 계에 대한 이 입자의 세계선소 ds 는, 이 입자와 함께 질주하는 $\bar{K}$ 계의 시간간격 $cd\bar{t}$ 와 같다. 이와 같이 주어진 물리 실체와 더불어 함께 하는 계의 시간을 우리는 이 물리 실체의 **고유시간**이라 부른다.

그러니까 운동물체의 세계궤적의 길이 s 는, 이 물체의 고유시간 $c\bar{t}$ 와 같다. 특별히 고유시간 $\bar{t}$ 를 통상적인 초 단위의 시간으로 잡고, 이를 τ 로 표기하면 $cd\bar{t}=cd\tau$ 로 바꾸어 쓸 수 있으므로

$$\frac{ds}{c} = d\tau = dt\sqrt{1-\beta^2} \tag{31}$$

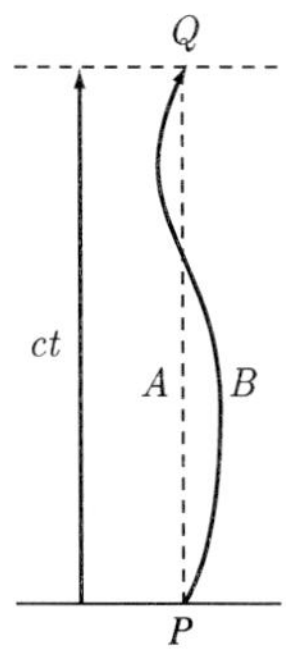

P : 두 시계의 출발점
Q : ct 시간이 경과된 후의 출발점의 위치
A : 정지시계의 세계선
B : P에서 굵은 선의 경로를 거쳐 이동했던 시계가 출발점에 되돌아온 시계의 세계선

로 쓸 수 있다. 이 식의 $d\tau$ 는 초단위로 나타낸 고유시간, dt 는 입자의 속도가 v 로 관측되는 K 계에 관한 초단위의 시간이다.

이 고유시간 $d\tau$ 의 개념을 등속운동을 하는 입자에 한정하지 않고, 가속운동을 하는 물체로까지 확장했을 때, 관성계 K 에서 본 입자의 상대속도 v 는 시간 t 의 함수 $v(t)$ 로서 주어질 것이므로, K 계의 시각 $t=t_0$ 에서 t 사이에 입자가 이동한 세계궤적 s 또는 고유시간 τ 의 길이는

$$\frac{s}{c} = \tau = \int_{t_0}^{t} \sqrt{1 - \left(\frac{v(t)}{c}\right)^2}\, dt \qquad (32)$$

로서 구해진다.

여기서도 입자의 고유시간 τ 의 진도는 언제나 정지계 K 의 시간 t 보다 느린 시간이 대응함을 알 수 있다.

질주하는 시계 (상대적으로 운동상태에 있는 시계 또는 물체 위에 고정된 시계) 의 시간 (고유시간) 은, 그 물체의 세계궤적 상으로의 적분 $\frac{1}{c}\int ds$ 로서 구해진다.

가령 시계가 정지상태에 있으면, 이 시계의 세계궤적은 분명 시간축에 평행한 직선이 된다. 그런데 시계가 세계점 P 에서 어떤 경로에 따라 이동했다가 출발점에 되돌아 왔다고 했을 때, 이 시계의 세계궤적은, 정지하고 있는 시계가 그린 직선인 세계선의 끝점 Q 에서 합류하는 곡선궤적이 된다 (그림 참조). 한편 정지하고 있는 시계는 언제나 운동상태에 있는 시계의 시간보다 그 대응시간의 경과가 빠르다는 것을 알 때, 이들 두 시계의 출발점과 귀착점을 잇는 이동궤적 상으로의 적분 : $\frac{1}{c}\int ds$ 는, **이들 두 점을 직선으로 잇는 세계선일 때 최대가 된다**. 따라서 두 점 P, Q 를 잇는 세계선의 길이는 직선일 때 최대가 된다.

제4장 상대론적 운동역학

□ 17. 질량의 상대성

고전물리학에서 가장 확고한 역학법칙으로 운동량 보존측을 들 수 있다. 이 법칙은 둘 또는 둘 이상의 물체가 서로 작용하여 충돌했을 때, 충돌 후 이들 물체의 속도가 어떻게 변하든 충돌 전에 가졌던 이들 두 물체의 운동량의 합은 충돌 후에도 그대로 보존됨을 뜻한다. 이것은 오로지 서로 작용하며 충돌하는 물체끼리 만의 관계법칙으로 이를 지켜보는 관측자의 상대적 운동상태나 또는 그 밖의 어떠한 것과도 무관한 법칙이다. 지금 기준 좌표계 $\overline{K}$ 상에서 일어난 완전히 동일한 질량, 동일한 성질의 두 물체 m_1 과 m_2 (이들 물체를 서로 구별하기 위해 각각 m_1, m_2 로 표기한다) 이 $\overline{x}$ 축에 평행한 직선상에서 서로 역방향인 속도 $\overline{\mu}$ 와 $-\overline{\mu}$ 로 부딪히는 비탄성 충돌현상을 가상해 보자. 충돌 후 이들 물체는 필연적으로 한 덩어리로 병합되면서 $\overline{K}$ 계에 대해 정지 상태로 머물 것이다.

이에 대한 운동량 보존측을 $\overline{K}$ 계와 K 계에 관해 각각 기술해 보자. 먼저 $\overline{K}$ 계의 K 계에 대한 상대 속도를 V 라 하고, $\overline{K}$ 계에 대한 이들 두 물체의 운동량 보존측은,

$$m_1\overline{\mu} - m_2\overline{\mu} = 0 \tag{1}$$

이 식 좌변은 충돌 전 m_1 과 m_2 이 지닌 운동량의 합을 나타내고, 우변은 충돌 후 한 덩어리로 합병된 두 물체가 지니는 운동량이다.
다음은 K 계에 대한 이들 두 물체의 충돌 전 속도를 각각 μ_1, μ_2 라 했을

때 K계에 대해서는

$$m_1\mu_1 + m_2\mu_2 = (m_1 + m_2)V$$

이 식의 좌변은 충돌 전의 운동량의 합이고, 우변은 충돌 후 한 덩어리로 된 이 물체의 K계에 대한 운동량이다. 이 식을 변형하면

$$m_1(\mu_1 - V) + m_2(\mu_2 - V) = 0 \tag{2}$$

이들 식의 V는 $\overline{K}$계의 K계에 대한 상대 속도이다.
m_1과 m_2의 K계에 대한 상대 속도 μ_1, μ_2는 속도 합성의 정리에 따라

$$\mu_1 = \frac{\overline{\mu} + V}{1 + \frac{\overline{\mu}V}{c^2}}, \qquad \mu_2 = \frac{-\overline{\mu} + V}{1 - \frac{\overline{\mu}V}{c^2}}$$

이 되므로 (2)에 이를 대입하여 정리하면

$$\frac{m_1}{m_2} = \frac{\left(1 + \frac{\overline{\mu}V}{c^2}\right)}{\left(1 - \frac{\overline{\mu}V}{c^2}\right)} = \frac{\sqrt{1 - (\mu_2/c)^2}}{\sqrt{1 - (\mu_1/c)^2}}$$

인 관계를 얻는다.
따라서 속도 μ_1과 μ_2의 모든 값에 대하여

$$m_1\sqrt{1 - (\mu_1/c)^2} = m_2\sqrt{1 - (\mu_2/c)^2} = m_0 \tag{3}$$

이 성립된다. 이는 μ_1, μ_2이 0일 때도 성립된다.

그런데 μ_1, μ_2는 m_1, m_2의 K계에 대한 상대 속도이므로 (3) 식으로부터 정수인자 m_0는 m_1, m_2의 K계에 대한 정지상태의 질량임을 알 수

있다. 따라서 위 (3) 식에 주목하면 우리는 임의의 기준계 K에 대하여 속도 v로 질주하는 운동물체의 질량은 정지상태의 질량 m_0와는 다른

$$m(v) = \frac{m_0}{\sqrt{1-(v/c)^2}} \qquad (4)$$

이 된다는 사실을 읽어 낼 수 있다.

이 결과로부터 우리는 운동물체의 질량은 관측자에 대한 상대속도 v의 함수로서 주어짐을 알게 된다. 그러니까 관측자에 대하여 정지상태에 있는 질량 m_0는

$$m(0) = m_o$$

이고, 이 m_0이 관측자에 대하여 상대적으로 속도 v로 운동상태에 있으면, 그것은 (4) 에 해당하는 질량으로 관측된다.

이는 곧 고유시간의 지연이나 Lorentz 의 수축과 함께 **물체의 질량도 관측자에 대한 상대속도 여하에 따라 그 값에 대한 평가가 달라짐**을 뜻한다. (4) 식을 보면, 운동 물체의 질량 m은 그 상대속도 v가 빛 속도에 가까워지면 질수록 급격히 커져 무한대의 큰 질량으로 관측될 것임을 알 수 있다. 이 정수인자 m_0를 우리는 **고유질량** 또는 **정지질량**, m을 **상대질량**이라 하여 구별한다.

□ 18. 에너지와 운동량

상대성 이론에 걸맞는 역학이론은 어떻게 정립되어야 할 것인가. 우리는 지금부터 이 문제에 관해 생각해 보자.

물질입자에 대한 상태량으로 우리는 질량, 속도, 운동량, 운동에너지 등을 들 수 있다. 그것은 모두 속도 의존적인 량이므로 기준계의 선정 여하에 따라 그 값이 달라짐은 물론이다.

지금 어느 한 기준 좌표계 K에 관한 속도, 운동량, 운동에너지를 각각 $\mathbf{v}$, $\boldsymbol{P}$, K_e 라 하면 $\boldsymbol{P}$와 $\mathbf{v}$는 같은 방향의 벡터로서 상대속도 $\mathbf{v}$의 증가함수이고, $\mathbf{v}=0$ 면 $\boldsymbol{P}=0$ 이다. K_e 도 또한 $\mathbf{v}$의 증가함수로서 $\mathbf{v}=0$ 면 $K_e=0$ 이다. 외력의 작용을 전혀 받고 있지 않는 물질입자에 대해서는 $\mathbf{v}=$ 일정하고, 따라서 $\boldsymbol{P}=$ 일정, $K_e=$ 일정이다.
질점에 외력 $\boldsymbol{F}$이 작용하면 $\boldsymbol{P}$와 K_e 는

$$\frac{d\boldsymbol{P}}{dt}=\boldsymbol{F} \qquad \text{단} \quad \boldsymbol{P}=m\mathbf{v} \tag{5}$$

$$\frac{dK_e}{dt}=\boldsymbol{F}\mathbf{v} \tag{6}$$

인 관계가 성립된다. 식 (5)는 운동법칙을 미분형식으로 나타낸 것이고 (6)은 운동에너지의 시간적 증가량은 외력이 하는 일의 시간당 량과 같다는 의미의 표현이다.

(6)과 (5)로부터

$$\frac{dK_e}{dt}=\mathbf{v}\frac{d\boldsymbol{P}}{dt} \tag{7}$$

인 관계를 얻는다.
이상은 관측자인 우리와 함께 정지하고 있는 기준계 K에 관한 역학법칙이다.

지금 이 기준좌표계 K상의 임의의 세계 점 P를 하나의 위치 벡터

$$\mathbf{x}=(x^0,\ x^1,\ x^2,\ x^3) \tag{8}$$

로서 나타내자.

여기서 $x^0=ct,\ x^1=x,\ x^2=y,\ x^3=z$ 이다.
점 P의 미소변위를 $d\mathbf{x}$ 라 하면

$$d\mathbf{x}=(dx^0,\ dx^1,\ dx^2,\ dx^3) \tag{9}$$

이는 미소 4원 벡터이다. (시공 벡터를 4차원 벡터라는 뜻에서 **4원 벡터**라 부른다) 광속보다 빠른 대상은 생각할 수 없으므로 $d\mathbf{x}$ 는 당연히 시간성 벡터임은 물론이다. 따라서

$$ds^2 = (d\mathbf{x}\, d\mathbf{x}) = (dx^0)^2 - (dx^1)^2 - (dx^2)^2 - (dx^3)^2 \qquad (10)$$

ds 는 $d\mathbf{x}$ 의 크기를 나타내는 것이므로 스카라 량이다. 따라서 $d\mathbf{x}$ 를 이 스카라 량 ds 로 나눈 미분상

$$\mathbf{u} = \frac{d\mathbf{x}}{ds} = \left(\frac{dx^0}{ds},\ \frac{dx^1}{ds},\ \frac{dx^2}{ds},\ \frac{dx^3}{ds} \right) \qquad (11)$$

도 하나의 4원 벡터이다. 이 $\mathbf{u}$ 를 우리는 점 P 의 **4원 속도**라 정의한다. 기하학적으로 이 $\mathbf{u}$ 는 세계점 P 가 그리는 세계궤적 위에 눕는, 크기가 1 인 접선 벡터이자, 점 P 의 이동을 지정하는 방향 벡터이다. 따라서

$$\begin{aligned}(\mathbf{u}\mathbf{u}) &= \left(\frac{d\mathbf{x}}{ds}\, \frac{d\mathbf{x}}{ds} \right) \\ &= \left(\frac{dx^0}{ds} \right)^2 - \left(\frac{dx^1}{ds} \right)^2 - \left(\frac{dx^2}{ds} \right)^2 - \left(\frac{dx^3}{ds} \right)^2 \\ &= \frac{(dx^0)^2 - (dx^1)^2 - (dx^2)^2 - (dx^3)^2}{ds^2} = \frac{ds^2}{ds^2} = 1 \qquad (12)\end{aligned}$$

이 성립된다.

이 4원 속도 $\mathbf{u}$ 는 통상적인 3차원 속도 $\mathbf{v}$ 와는 달리 디멘션(제원) 이 없는 량이다. (10) 으로부터

$$ds = \sqrt{1 - \left(\frac{dx^1}{dx^0} \right)^2 - \left(\frac{dx^2}{dx^0} \right)^2 - \left(\frac{dx^3}{dx^0} \right)^2}\, dx^0 = \sqrt{1-\beta^2}\, dx^0$$

이 되므로, 이것을 (11) 에 적용하여 $\mathbf{u}$ 를 시간성분과 공간성분으로 분해

하여 나타내면

$$\mathbf{u} = \left(\frac{1}{\sqrt{1-\beta^2}} \middle| \frac{\mathbf{v}}{c\sqrt{1-\beta^2}} \right) \tag{13}$$

점 P가 거기 정지하고 있다고 판단되는 기준계에 대해서는, $\mathbf{v}=0$, $\beta=0$ 이므로

$$\mathbf{u} = (1,\ 0,\ 0,\ 0) \tag{14}$$

이는 곧 시간 성분만으로 된 벡터이다. 점 P가 등속운동을 하면, 그 운동방향에 따라 $\mathbf{u}$의 공간성분이 결정되고, 따라서 그런 경우 $\mathbf{u}$는 시간축과 일정 방향의 기울기를 갖게 된다.

정지 질량 m_0는 좌표계와 무관한 물질 입자 고유의 불변량이므로 $m_0\mathbf{u}$도 또한 좌표계와 무관한 4원 벡터이다. 그러나 $\mathbf{u}$는 제원이 없는 벡터이므로 여기에 보편 정수 c를 추가하여 $m_0c\mathbf{u}$를 만들면, 이것은 좌표계에 의존되지 않는 운동량의 제원 $[MLT^{-1}]$을 갖는 4원 벡터이다. 이것을 $\boldsymbol{P}$로 표기하고, 이 $\boldsymbol{P}$를 시간 성분과 공간 성분으로 분해하여 나타내면,

$$\boldsymbol{P} = m_0c\mathbf{u} = \left(\frac{m_0c}{\sqrt{1-\beta^2}} \middle| \frac{m_0\mathbf{v}}{\sqrt{1-\beta^2}} \right) \tag{15}$$

이 $\boldsymbol{P}$의 시간성분을 P_0, 공간 성분을 $\boldsymbol{P}^{※}$로 각각 표기하면,

$$P_0 = \frac{m_0c}{\sqrt{1-\beta^2}}, \qquad \boldsymbol{P}^{※} = \frac{m_0\mathbf{v}}{\sqrt{1-\beta^2}} \tag{16}$$

이렇게 도입된 $\boldsymbol{P}$의 공간성분 $\boldsymbol{P}^{※}$는 고전역학의 운동량 $m_0\mathbf{v}$의 $1/\sqrt{1-\beta^2}$ 배에 해당한다. 따라서 질점의 상대 속도 : $|\mathbf{v}|=v$ 이 빛 속도에 비해 매우 느리게 관측되는 기준계나, 혹은 운동입자가 거기 정지되어 있다고 평가되는 기준계에 대해서는 $\beta^2 = v^2/c^2 \to 0$ 로 놓을 수 있으므로 거기서는 고전

역학의 운동량과 일치한다. 이렇게 얻어진 위의 (15) 의 $\boldsymbol{P}$를 우리는 **4원 운동량**이라 한다. (16) 을 가지고 (7) 을 쓰면, $\mathbf{v}$ 와 $\boldsymbol{P}^{*}$ 는 그 방향이 일치하므로

$$\boldsymbol{F}\mathbf{v} = \mathbf{v}\frac{d\boldsymbol{P}^{*}}{dt} = v\frac{dP^{*}}{dt} = \frac{m_0 v}{(\sqrt{1-\beta^2})^3}\frac{dv}{dt}$$

$$= \frac{d}{dt}\left(\frac{m_0 c^2}{\sqrt{1-\beta^2}} + C\right)$$

로 쓸 수 있다. 이것을 (7) 식과 비교하면, 이 식 우변 괄호 ( ) 안은 곧 운동 에너지임을 알 수 있다. $v=0$ 이면 $K_e=0$ 이 되므로 적분 정수 C 를, $C=-m_0c^2$ 으로 놓으면

$$K_e = \frac{m_0 c^2}{\sqrt{1-\beta^2}} - m_0 c^2 \tag{17}$$

를 얻는다.

이 운동 에너지 K_e 의 표현 형식은 외견상 고전역학에서 다루었던 그것과는 사뭇 달라 보인다. 그러나 m_0c^2 은 그 제원이 $[ML^2T^{-2}]$ 이므로 에너지임이 분명하다. 그러니까 (17)의 우변 첫째항은 속도 v 로 운동하는 질량 m_0 인 입자의 에너지이고, 그 둘째 항은 이 질점의 정지 상태의 에너지인 셈이다. $1/\sqrt{1-\beta^2} = (1-\beta^2)^{-\frac{1}{2}}$ 을 이항정리에 따라 급수로 전개하면,

$$(1-\beta^2)^{-\frac{1}{2}} = \left(1+\frac{1}{2}\beta^2+\frac{3}{8}\beta^4+\cdots\right)$$

이 되므로 위의 (17) 은

$$K_e = m_0c^2\left(\frac{1}{\sqrt{1-\beta^2}}-1\right) = \frac{m_0v^2}{2}\left(1+\frac{3}{4}\frac{v^2}{c^2}+\cdots\right) \tag{18}$$

고차의 무한소 $\frac{v^2}{c^2}$ 를 무시하면 이 식은 바로 고전역학에서 다루었던 운동 에너지와 일치함을 알 수 있다.

이상에서 우리는 **질량 m 이라는 것은 단순히 무게 질량이나 관성 질량이라는 의미에 그치지 않고, 에너지를 보유하고 있는 함량으로서의 의미도 동시에 지니고 있다**는 새로운 사실을 알게 된다.
즉 m_0 를 현재 거기 정지하고 있는 물체의 질량이라 하면, 이 물체는

$$m_0 c^2 \tag{19}$$

만큼의 에너지를 지니고, 이 물체가 속도 v 로 운동상태에 있으면

$$\frac{m_0 c^2}{\sqrt{1-\beta^2}} \qquad \text{단} \quad \beta = \frac{v}{c} \tag{20}$$

에 해당하는 에너지를 지닌다. 그러니까 이 양은 정지상태의 에너지에 운동 에너지를 더한 값이다.

□ 19. 에너지 관성의 원리

물체의 에너지란 그 물체의 내부 상태에 따라 달라 질 수 있다. 질량 인자 m 은 그 물체의 내부 상태가 언제나 동일하다고 할 수는 없다. 그것이 어떤 상태에 있는지, 상대성 이론이 제공하는 질량 m 과 에너지의 상관관계를 알아보자.

외력을 전혀 받고 있지 않는 등속 운동을 하는 입자를 우리는 **자유 입자**라 부른다.
자유 입자의 에너지는 운동 에너지 K_e 와 이 입자의 내부 에너지 (정지 상태에서의 입자 그 자체가 지닌 에너지) U 의 합으로 나타낼 수 있다. 즉

$$\varepsilon = K_e + U \tag{21}$$

내부 에너지 U는 그 입자의 운동 속도와는 무관하고, 따라서 좌표계에 의존되지 않는 불변량이다. 이 에너지 U는 내부 상태가 변하면 달라진다. 식 (17) 의 K_e 는 그 도출 과정에서 알 수 있듯 내부 상태의 변화 없이 정지 상태에서 속도 v 로 이행했을 때의 에너지 차에 해당하므로 이는 곧 운동 에너지임을 알 수 있다. 그러니까 정지 상태에 있는 질량 m_0 인 입자의 에너지 U는

$$U = m_0 c^2 \tag{22}$$

로서 주어진다.

이 에너지 U를 우리는 **질량의 고유 에너지** 또는 **정지 에너지**라 한다. 위의 (20) 과 (22) 의 m_0 는 여러 요소적인 인자로 구성된 임의의 복합적인 물질계에 대해서도 그대로 적용된다. 이때 m_0 는 그 총체적인 질량을 뜻하고, 또 v 는 그 전체에 대한 운동 속도를 의미한다. 따라서 이 경우 (22) 는 질량 m_0 인 물질계가 전체적으로 정지 상태에 있을 때 그 물질계가 지니고 있는 질량 에너지의 총체를 뜻한다. 즉 자유입자의 에너지는 그 물체의 내부 에너지가 반영된 m_0 에 의해 완전히 결정된다.

그러니까 질량 m_0 인 물질 입자의 에너지 m_0c^2 은 이 입자가 생성될 당초에 이 입자를 만들어 내는데 소요되었던 전에너지라 할 수 있고, 따라서 m_0 라는 값은 이때 소요된 전체 에너지가 응집되어 굳어진, 물질 소편의 에너지 함량이라 할 수 있다.

외력이 작용하여 입자가 가속되면 운동에너지 K_e 는 (17) 식에 따라 커지겠지만 그 내부 에너지 U는 변하지 않는다. 그러나 운동 입자가 다른 입자와 충돌하거나 혹은 전자장에 의해 그 내부로의 에너지의 수급교환이 있게 되면 그 내부 에너지 U는 변한다.

일반으로 외부에서 입자에 공급되는 에너지를 W라 하면, 에너지 보존측에 따라

$$\Delta K_e + \Delta U = W \tag{23}$$

로 쓸 수 있다.
외부로부터 입자에 어떤 형태로든 에너지가 공급되면 일부는 운동 에너지로 또 다른 일부는 내부로 유입되어 그 내부 에너지를 높여 준다. 이때 그 내부로 유입된 에너지를 ΔU 라 하면

$$\Delta m = \frac{\Delta U}{c^2} \tag{24}$$

만큼의 질량의 증분을 가져온다. 즉 내부로 유입된 에너지 ΔU 의 $1/c^2$ 만큼 질량이 커진다. 이와 같이 에너지의 유입으로 인한 질량 증대 효과를 우리는 **에너지 관성의 법칙**이라 한다. 이를 테면 물체에 열 또는 전기 혹은 화학 반응으로 물질 내부에 에너지가 유입되거나 유출되면 이들 에너지를 질량으로 환산한 양 만큼 그 물체의 관성 질량이 변한다.
식 (21) 에 (17) 과 (22) 를 대입하면

$$\varepsilon = \frac{m_0 c^2}{\sqrt{1-\beta^2}} = mc^2 \qquad \text{단 } m = \frac{m_0}{\sqrt{1-\beta^2}} \tag{25}$$

를 얻는다. 이것은 곧 속도 v 로 관측되는 고유 질량 m_0 인 입자의 에너지이다. 그러니까 이 ε 은 입자가 지닌 내부 에너지 (그 자체의 에너지) 와 운동 에너지를 더한 것이다. 식 (25) 를 써서 (15) 를 나타내면,

$$\boldsymbol{P} = m_0 c\mathbf{u} = \left(\frac{\varepsilon}{c} \mid \boldsymbol{P}^{※}\right), \quad P_0 = \frac{\varepsilon}{c}, \quad \boldsymbol{P}^{※} = \frac{m_0 \mathbf{v}}{\sqrt{1-\beta^2}} \tag{26}$$

를 얻는다. 이로서 우리는 $\boldsymbol{P} = m_0 c\mathbf{u}$ 의 시간 성분이 물리적으로 무엇을 나타내는 것인지를 알게 된다. 이 4원 벡터 $\boldsymbol{P}$ 를 우리는 시공세계의 **에너지 운동량 벡터** 또는 **4원 운동량** 혹은 단순히 **운동량 벡터**라 부른다.

4원 속도 $\mathbf{u}$ 는 항등적으로 $(\mathbf{uu}) = 1$ 이 성립되므로

$$(\boldsymbol{PP}) = \left(\frac{\varepsilon}{c}\right)^2 - \boldsymbol{P}^{※2} = (m_0 c)^2, \qquad \therefore\ |\boldsymbol{P}| = m_0 c \tag{27}$$

이 성립된다. 물론 이는 기준 좌표계의 선정과 무관한 불변식 불변량이다. 입자가 가속되어 ε, $\boldsymbol{P}^*$ 이 아무리 커져도 입자의 내부 상태가 변하지 않는 한 4원 벡터 $\boldsymbol{P}$의 크기는 어느 기준계에 관해서도 동일한 크기 $m_0 c$ 이다.

위에서 우리는 에너지와 운동량이라는 개념은 입자의 역학적 상태량을 나타내는 것으로서, 하나로 통합된 운동량 벡터 $\boldsymbol{P}$로서 표기됨을 알았다 그러니까 $\boldsymbol{P}$의 시간 성분(정지상)의 c 배가 에너지이고, 그 공간 성분(운동상)은 개념상 Newton 류의 운동량임을 알았다.

시간과 공간이 불가분의 관계로 결부되어 있듯 에너지와 운동량이 별개의 개념이 아니라 하나로 통합된 단일 개념인 4차원의 운동량 벡터 $\boldsymbol{P}$로서 주어지므로 이들 성분은 벡터 성분의 변환측에 따라 Lorentz 변환됨은 물론이다. 따라서 $\boldsymbol{P}$의 성분 : P_0, P_x, P_y, P_z 는 (3-19) 식에 따라 다음과 같은 변환측을 갖는다.

$$\frac{\varepsilon}{c} = \frac{(\bar{\varepsilon}/c) + \beta \bar{P}_x}{\sqrt{1-\beta^2}}, \quad P_x = \frac{\bar{P}_x + \beta(\bar{\varepsilon}/c)}{\sqrt{1-\beta^2}},$$

$$P_y = \overline{P_y}, \quad P_z = \overline{P_z} \tag{28}$$

광량자

식 (27)에서 운동량 벡터 $\boldsymbol{P}$의 크기 $|\boldsymbol{P}| = m_0 c$는 기준 좌표계의 선정과 관계없이 일정하므로 ε과 $\boldsymbol{P}^*$ 중 하나만 알면 다른 하나는 구할 수 있다. 식 (27)을 변형하면

$$\varepsilon = c\sqrt{P^2 + m_0^2 c^2}$$

$$P = \sqrt{\left(\frac{\varepsilon}{c}\right)^2 - m_0^2 c^2} \tag{29}$$

에너지 관성의 법칙을 인용하여 Einstein 은 빛이 지닌 운동량을 $P = \varepsilon/c$ 로서 구했다. 그것은 빛을 속도 c 인 에너지의 흐름으로 간주함으로써 얻어진 결과이다. 빛은 질량을 갖고 있지 않으므로, 질량이 0 인 에너지의 흐름으로 보면, 빛이 지닌 운동량 P 는 윗 식으로부터

$$P = \frac{\varepsilon}{c} \tag{30}$$

에 해당하는 운동량을 지닌 작은 에너지 입자(양자)로 볼 수 있다.

열 복사의 법칙, 즉 물질에 의한 빛 에너지의 방출과 흡수에 관한 설명에서 **Plank** (1900) 가 제창한 빛 에너지의 양자화는, 진동수 ν 인 빛(光束)이 지닌 에너지는 임의의 연속적인 값을 가질 수 없고, 유한한 크기의 양자(量子) ε_0 으로 구성된 수 많은 입자들의 흐름으로 형상화한 것을 의미한다. 이때 입자 하나하나가 지닌 에너지 ε_0 는

$$\varepsilon_0 = h\nu \tag{31}$$

로서 주어진다. 이 식의 ν 는 진동수이고 h 는 **Planck 정수**이다. 그러니까 진동수가 ν 인 빛은 $h\nu$ 에 해당하는 유한한 개수의 작은 에너지 양자 ε_0 의 흐름으로 간주한다. 이것으로부터 빛이 지닌 에너지로서의 질량 m_0 와 운동량 P 는 다음 식으로 구할 수 있다.

$$m_0 = \frac{\varepsilon_0}{c^2} = \frac{h\nu}{c^2}, \qquad P = \frac{\varepsilon_0}{c} = \frac{h\nu}{c} = \frac{h}{\lambda} \tag{32}$$

여기서 $\lambda = c/\nu$ 는 빛의 파장이다.

그러니까 빛은 $\varepsilon_0 = h\nu$ 인 에너지와, $h\nu/c$ 인 운동량을 지닌 질량이 $h\nu/c^2$ 인 유한한 개수의 **광량자(光量子)** 로 구성되어 있고, 그 집단의 흐름을 우리는 빛(光束) 으로 보는 것이다. 이것이 곧 양자화된 빛의 입자상이다.

□ 20. 질량과 운동량의 보존측

자유로운 상태에 있는 두 개의 입자 A, B가 접근하여 서로 충돌한 뒤, 몇 개의 입자 C, D, ... 로 분열되어 튕겨났다고 했을 때 우리는 이를 충돌에 의한 반응이라 한다. 지금 두 물질 입자 A, B의 충돌 반응을

$$A + B \rightarrow C + D + \cdots$$

로 나타내자. 이들 두 입자의 반응을 운동량 벡터 $\boldsymbol{P}$를 써서 나타내면

$$\boldsymbol{P}_A + \boldsymbol{P}_B \rightarrow \boldsymbol{P}_C + \boldsymbol{P}_D + \cdots \tag{33}$$

이를 다시 시간 성분과 공간 성분으로 분리하여 나타내면

$$\varepsilon_A + \varepsilon_B \rightarrow \varepsilon_C + \varepsilon_D + \cdots$$

$$\boldsymbol{P}^{※}_A + \boldsymbol{P}^{※}_B \rightarrow \boldsymbol{P}^{※}_C + \boldsymbol{P}^{※}_D \cdots \tag{34}$$

여기서 ε과 $\boldsymbol{P}^{※}$는 각각 (25)와 (16)을 의미한다.

이것이 새로운 역학의 **에너지와 운동량 보존측**이다. 물론 이 보존측 (33)은 어느 기준계에 관해서도 타당하다. 이것은 고전역학에서의 질량 보존측과 운동량 보존측을 통합해 놓은 것에 다름 아니다. 그러나 이것은 고전적 의미의 질량 보존측을 포함하고 있을 뿐 아니라 물체 내부의 에너지 상태, 이를 테면 열이나 전기 또는 화학 반응 등으로 내부 상태가 변했을 때 함수 $m(v)$이 받은 영향까지 반영된 보존측이다.

반응 전과 후의 입자가 같은 A, B로 남을 때 (A, B의 충돌일 때) 입자의 내부 에너지 U_A와 U_B는 일반으로 반응 전과 후는 다르다. 특히 내부 에너지 U_A, U_B이 둘 다 변하지 않는 경우가 곧 탄성 충돌이다. 이 경우에 한해서 운동 에너지의 합 $K_A + K_B$는 보존된다.

이를 테면 동일한 성질 동일한 질량 m_0인 두 물체가 속도 v와 $-v$로 정면충돌하여 한 덩어리의 정지 질량 M이 되는 비탄성 충돌 현상에 위

보존측 (34) 를 적용해 보자. 충돌 전의 에너지 ε_A, ε_B 는 똑같고, 운동량 $\boldsymbol{P}_A^{※}$, $\boldsymbol{P}_B^{※}$ 는 부호만 서로 다를 뿐이었다면

$$\boldsymbol{P}_A^{※} + \boldsymbol{P}_B^{※} = 0 \tag{35}$$

$$\varepsilon_A + \varepsilon_B = \frac{2m_0 c^2}{\sqrt{1-\beta^2}} = Mc^2 \tag{36}$$

이 된다.

이 식의 좌변은 충돌 전의 운동량과 에너지이고, 우변은 충돌 후의 운동량과 에너지이다. M 은 한 덩어리로 합병된 질량이다. 그러니까 합병된 질량 M 과 충돌 전의 두 물체의 정지 질량의 합 $2m_0$ 와의 차를 구하면

$$\Delta m = M - 2m_0 = 2m_0\left(\frac{1}{\sqrt{1-\beta^2}} - 1\right) \tag{37}$$

즉 합병된 질량 M 은 충돌 전의 두 물체의 질량 $2m_0$ 보다 Δm 만큼 커졌다. 이는 곧 충돌 전 두 물체가 지녔던 운동 에너지가 충돌과 동시에 0 이 되면서 다른 형태의 에너지 (주로 열 에너지) 로 바꾸어져 합병된 질량 M 은 그 내부 상태가 합병 전과는 다른 상태로 바꾸어진데 따른 결과이다.

□ 21. 질점의 운동 방정식

질점에 외력이 가해지면 이 힘은 질점의 운동량을 높여주는 구실을 한다. 운동량을 높이는 데는 관성 저항을 받게 되고, 이 관성 저항은 언제나 외력과 맞선다. 따라서 작용과 반작용의 원리를 여기서도 그대로 적용하면 새로운 이론에 걸맞는 운동 방정식을 구할 수 있다. 식 (6) 에 (17) 을 적용하면, (17) 의 둘째 항은 시간과 무관하므로

$$\frac{d}{dt}\left(\frac{m_0c^2}{\sqrt{1-\beta^2}}\right)=\boldsymbol{F}\mathbf{v} \tag{38}$$

식 (5) 에 (16) 을 적용하면

$$\frac{d}{dt}\left(\frac{m_0\mathbf{v}}{\sqrt{1-\beta^2}}\right)=\boldsymbol{F} \tag{39}$$

위의 (38) 은 외력이 질점에 불어 넣는 일의 시간당 량이므로 다음과 같이 쓸 수도 있다.

$$\frac{d}{dt}\left(\frac{m_0c^2}{\sqrt{1-\beta^2}}\right)=\frac{dK_e}{dt} \tag{40}$$

이 (39) 와 (38) 이 곧 힘과 일에 관한 관계 방정식 (5), (6) 을 새로운 이론에 맞게 고쳐놓은 운동 방정식이다. $\beta=\frac{v}{c}$ 로 바꾸어 쓰고, (39) 의 좌변을 시간미분하면,

$$\frac{m_0\dot{\mathbf{v}}}{(1-v^2/c^2)^{1/2}}+\frac{m_0\mathbf{v}(\mathbf{v}\dot{\mathbf{v}})}{c^2(1-v^2/c^2)^{3/2}}=\boldsymbol{F}$$

여기서 $\cdot$ 는 d/dt 를 의미한다.

이것을 성분별로 나누어 쓰면, $(\mathbf{v}\dot{\mathbf{v}})=(v_x\dot{v}_x+v_y\dot{y}_y+v_z\dot{v}_z)$ 이므로

$$\frac{m_0\dot{v}_x}{(1-v^2/c^2)^{1/2}}+\frac{m_0v_x(v_x\dot{v}_x+v_y\dot{v}_y+v_z\dot{v}_z)}{c^2(1-v^2/c^2)^{3/2}}=F_x$$

$$\frac{m_0\dot{v}_y}{(1-v^2/c^2)^{1/2}}+\frac{m_0v_y(v_x\dot{v}_x+v_y\dot{v}_y+v_z\dot{v}_z)}{c^2(1-v^2/c^2)^{3/2}}=F_y$$

$$\frac{m_0 \dot{v}_z}{(1-v^2/c^2)^{1/2}} + \frac{m_0 v_z (v_x \dot{v}_x + v_y \dot{v}_y + v_z \dot{v}_z)}{c^2 (1-v^2/c^2)^{3/2}} = F_z$$

특별히 좌표계의 x 축을 $\mathbf{v}$ 의 방향과 일치시켜 주면, $v_y = v_z = 0$ 이 될 것임으로, $v_x = v$, $v_x^2 = v^2$ 으로 표기하면 윗 식은

$$\frac{m_0}{(1-v^2/c^2)^{3/2}} \frac{dv_x}{dt} = F_x$$

$$\frac{m_0}{(1-v^2/c^2)^{1/2}} \frac{dv_y}{dt} = F_y \qquad (41)$$

$$\frac{m_0}{(1-v^2/c^2)^{1/2}} \frac{dv_z}{dt} = F_z$$

이 결과를 보면, 힘과 가속도의 비는 x 와 y, z 성분이 서로 다르다.

그러니까 **질점이 얻는 가속도는 힘이 현재의 운동 방향과 같은 방향으로 작용할 때와 이에 수직으로 작용할 때가 서로 다르다**.

운동 방정식 (39) 의 좌변은 4원 벡터 $\boldsymbol{P}$ 의 공간 성분을 불변량이 아닌 시간 t 로 미분한 것이므로, 이는 바로 Newton 류의 운동방정식에 다름 아니다. 그러나 식 (39) 또는 (41) 은, 종래의 운동방정식 (1-1) 보다 그 정밀도가 훨씬 높은 운동방정식이다. 무엇보다 이 식은 v/c 의 값이 무시할 수 없을 만큼 큰 고속 입자를 다루는 경우에 적합한 실용성이 매우 높은 운동방정식이라 할 수 있다.

□ 22. 힘 $\boldsymbol{F}$ 의 상대성

운동방정식 (39) 는 관측자인 우리와 함께 하는 정지계 K 에서, 관성저항 $d\boldsymbol{P}^{*}/dt$ 에 맞서는 작용력으로 힘 $\boldsymbol{F}$ 이 도입되었던 것이다. $\overline{K}$ 계에 관한 힘도 $\overline{K}$ 계와 함께 하는 관측자로서는 당연히 $\overline{\boldsymbol{F}} = d\overline{\boldsymbol{P}}^{*}/d\overline{t}$ 로서 주

어진다.

이 같이 정의되는 힘 $\boldsymbol{F}$의 K와 $\bar{K}$계 사이의 변환관계에 대해 생각해 보기로 하자.

운동방정식 (39) 를 다음과 같이 바꾸어 쓰고

$$\boldsymbol{F} = \frac{d\boldsymbol{P}^{*}}{d\bar{t}} \frac{d\bar{t}}{dt} \tag{42}$$

이것을 x, y, z 성분별로 나누어 P_x, P_y, P_z 에 (28) 을 대입하여 이를 구하면 힘 $\boldsymbol{F}$의 변환관계를 읽어 낼 수 있다.

먼저 Lorentz 변환 (2-22) 의 첫째 식에서

$$dt = d\bar{t}\left(\frac{1+\frac{V}{c^2}\bar{v}_x}{\sqrt{1-\beta^2}}\right) \tag{43}$$

임을 알고, 이것을 써서 (42) 를 성분별로 나누어 구하면

$$F_x = \frac{dP_x}{d\bar{t}} \frac{d\bar{t}}{dt} = \frac{\dot{\bar{P}}_x + \frac{V}{c^2}\dot{\bar{\varepsilon}}}{\sqrt{1-\beta^2}} \frac{d\bar{t}}{dt}$$

$$= \frac{\dot{\bar{P}}_x + \frac{V}{c^2}\bar{\boldsymbol{F}}\bar{\mathbf{v}}}{\sqrt{1-\beta^2}} \cdot \frac{\sqrt{1-\beta^2}}{\left(1+\frac{V}{c^2}\bar{v}_x\right)}$$

$$= \frac{\dot{\bar{P}}_x + \frac{V}{c^2}\bar{\boldsymbol{F}}\bar{\mathbf{v}}}{1+\frac{V}{c^2}\bar{v}_x}$$

같은 방법으로 F_y, F_z 를 구하고 정리하면

$$F_x = \frac{\dot{\bar{P}}_x + \dfrac{V}{c^2}\bar{\boldsymbol{F}}\bar{\mathbf{v}}}{1 + \dfrac{V\bar{v}_x}{c^2}}$$

$$F_y = \frac{\dot{\bar{P}}_y\sqrt{1-\beta^2}}{1 + \dfrac{V\bar{v}_x}{c^2}} \tag{44}$$

$$F_z = \frac{\dot{\bar{P}}_z\sqrt{1-\beta^2}}{1 + \dfrac{V\bar{v}_x}{c^2}}$$

를 각각 얻는다. 이 식의 $\cdot$ 는 $\dfrac{d}{d\bar{t}}$ 를 뜻하고, $\beta = V/c$ 이다.

특별히 $\bar{K}$ 계의 $\bar{x}$ 방향을 입자의 속도 $\bar{\mathbf{v}}$ 에 평행하게 잡아주고, 그 x 성분 $\bar{v}_x$ 이 0 이 되는 순간 정지계 $\bar{K}$ 를 떠올리면, 이 계에 대해서는 그 순간 힘 $\bar{\mathbf{F}}$ 는 Newton 류의 힘이 된다. (여기서 $\bar{K}$ 계에 대한 입자의 속도 $\bar{\mathbf{v}}$ 는 $\bar{\mathbf{v}} \neq \text{const}$ 이므로, 어느 한 순간 $\bar{K}$ 를 $\bar{v}_x = 0$ 이 되는 순간 정지계로 잡았다고 해서, 그 순간 입자의 가속도 $\dot{\bar{v}}_x$ 마저도 0 이 된다는 오해는 없기 바란다.) 따라서 $\bar{v}_x = 0$ 이 되는 순간 정지계 $\bar{K}$ 에 대해서는 $\dot{\bar{P}}_x = \bar{F}_x$, $\dot{\bar{P}}_y = \bar{F}_y$, $\dot{\bar{P}}_z = \bar{F}_z$ 이 되므로, 이 경우 (44) 로부터

$$F_x = \bar{F}_x$$

$$F_y = \bar{F}_y\sqrt{1-\beta^2} \tag{45}$$

$$F_z = \bar{F}_z\sqrt{1-\beta^2}$$

인 관계를 얻는다.

이것이 상대속도 V로 질주하는 $\overline{K}$계에 관한 Newton 류의 힘 $\overline{\boldsymbol{F}}$의 K 계로의 변환식이다. 이 결과로부터 우리는 **힘은 고전역학에서처럼 좌표변환에서 불변인 절대적인 것이 아님**을 알 수 있다.

한편 운동량 $\boldsymbol{P}$의 시간 성분 $P_0 = \varepsilon/c$은 (25)와 (40)으로부터

$$\frac{d\varepsilon}{dt} = \frac{dK_e}{dt} = \boldsymbol{F}\mathbf{v}$$

여기서도 위에서와 같은 방법으로 다음과 같이 바꾸어 쓸 수 있다. 즉

$$\frac{d\varepsilon}{d\bar{t}}\frac{d\bar{t}}{dt} = \boldsymbol{F}\mathbf{v}$$

ε에 (28)의 첫째 식을 대입하면

$$\frac{d\varepsilon}{d\bar{t}}\frac{d\bar{t}}{dt} = \frac{d}{d\bar{t}}\left(\frac{\bar{\varepsilon} + V\overline{P}_x}{\sqrt{1-\beta^2}}\right)\left(\frac{\sqrt{1-\beta^2}}{1+\frac{V}{c^2}\bar{v}_x}\right)$$

$$= \frac{\dot{\bar{\varepsilon}} + V\dot{\overline{P}}_x}{1+\frac{V}{c^2}\bar{v}_x} = \frac{\overline{\boldsymbol{F}}\bar{\mathbf{v}} + V\overline{F}_x}{1+\frac{V}{c^2}\bar{v}_x} = \boldsymbol{F}\mathbf{v}$$

이것으로부터 $\boldsymbol{F}\mathbf{v}$의 변환식

$$\boldsymbol{F}\mathbf{v} = \frac{\overline{\boldsymbol{F}}\bar{\mathbf{v}} + V\overline{F}_x}{1+\frac{V}{c^2}\bar{v}_x} \tag{46}$$

을 얻는다.

이상에서 본바와 같이 입자에 작용하는 힘도 이를 지켜보는 기준계의 선정 여하에 따라 그 평가가 달라지고, 또 입자에 가해지는 힘과 입자가 얻는 가속도의 관계도 새 이론은 고전역학과는 사뭇 다르다는 것을 알 수 있다. 고전역학에서는 입자에 가해지는 힘 $\boldsymbol{F}$와 입자가 얻는 가속도 $\dot{\mathbf{v}}$는

언제나 그 방향이 일치했으나 새 이론은 그게 그렇게 단순치 않음을 보여준다.

운동방정식 (38) 과 (39) 를

$$\frac{d\varepsilon}{dt} = \boldsymbol{F}\mathbf{v}$$

$$\frac{d\boldsymbol{P}^{※}}{dt} = \boldsymbol{F}$$

로 간결하게 표기하고, 이를 변형해 보자.

$$\frac{d\boldsymbol{P}^{※}}{dt} = \frac{d}{dt}(m\mathbf{v}) = m\frac{d\mathbf{v}}{dt} + \mathbf{v}\frac{dm}{dt} = m\frac{d\mathbf{v}}{dt} + \frac{1}{c^2}\frac{d\varepsilon}{dt}\mathbf{v}$$

$$= m\frac{d\mathbf{v}}{dt} + \left(\frac{\boldsymbol{F}\mathbf{v}}{c^2}\right)\mathbf{v}$$

이 식의 m 은 상대 질량 $m = m_0/\sqrt{1-\beta^2}$ 을 의미한다. 이것으로부터

$$m\frac{d\mathbf{v}}{dt} = \boldsymbol{F} - \left(\frac{\boldsymbol{F}\mathbf{v}}{c^2}\right)\mathbf{v}$$

이 식을 보면 입자가 얻는 가속도는 일반으로 힘 $\boldsymbol{F}$에 의해서만 결정되는 것이 아님을 안다. 즉 고전역학과는 달리 입자가 얻는 가속도는 힘 $\boldsymbol{F}$ 외에 입자가 얻는 에너지의 시간당 증가량과도 관계되는 보다 복잡한 메커니즘으로 얽혀짐을 알 수 있다. 특별히 입자에 가해지는 힘 $\boldsymbol{F}$이 입자의 운동 방향 $\mathbf{v}$ 에 항시 평행하거나 또는 수직일 때는 비교적 단순한 운동으로 볼 수 있어 취급이 한결 쉬워진다. 그러니까 힘 $\boldsymbol{F}$와 입자의 속도가 $\mathbf{v}$ 의 방향이 항시 일치할 때 성립되는 운동방정식이 곧 식 (41) 의 첫째 식이다.

□ 23. 4원 운동 방정식

여기서 우리는 Lorentz 변환에 불변으로 기술되는 시공세계에 관한 역학의 기본 방정식을 구해보자.

세계점 P를 4원 벡터 : $\mathbf{x} = (x^0,\ x^1,\ x^2,\ x^3)$ 로 나타냈을 때

$$\mathbf{u} = \frac{d\mathbf{x}}{ds} = \left(\frac{1}{\sqrt{1-\beta^2}} \,\middle|\, \frac{\mathbf{v}/c}{\sqrt{1-\beta^2}} \right) \tag{47}$$

는 좌표계와 무관한 4원 속도 벡터이다. 여기서 $\mathbf{v}/c$ 는 시간 단위를 광시: $x^0 = ct$ 로 표기했을 때의 속도이다.

$$(\mathbf{uu}) = 1$$

이므로, 이 양변을 ds 로 미분하면,

$$\mathbf{u}\frac{d\mathbf{u}}{ds} = \mathbf{ug} = 0, \qquad \mathbf{g} = \frac{d\mathbf{u}}{ds} \tag{48}$$

이 성립된다. 이 $\mathbf{g}$ 를 우리는 **4원 가속도**라 정의한다. (48)에서 우리는 가속 벡터 $\mathbf{g}$ 는 4원 속도 $\mathbf{u}$ 와 서로 수직임을 알 수 있다.

이렇게 하여 정의된 4원 가속도는 그 제원이 $[L^{-1}]$ 이므로 $d\boldsymbol{P}/ds = m_0 c d\mathbf{u}/ds$ 로는 힘의 제원이 되지 않는다. 따라서 (□-19) 에서 4원 운동량 $m_0 c\mathbf{u}$ 를 도입했던 것과 같이 $m_0 c\mathbf{u}$ 대신 $m_0 c^2\mathbf{u}$ 를 도입하여 ds 에 관한 이 량의 미분상

$$\mathbf{f} = \frac{d}{ds}\left(m_0 c^2 \mathbf{u}\right) = m_0 c^2 \frac{d\mathbf{u}}{ds} \tag{49}$$

를 시공세계의 힘 (4원력) 으로 정의하면 Lorentz 변환에 불변인 4차원 시공 좌표계에 관한 역학의 기본 방정식을 얻는다.

운동방정식의 이 같은 표식이 통상적인 역학 원리에 충실하고 경험과

잘 조화되는지에 대한 판단은, 이들 방정식을 질점의 속도가 광속에 비해 매우 느린 기준계나 또는 질점이 거기 정지되어 있다고 평가되는 기준계에 적용했을 때 즉, $v/c=\beta\to 0$ 인 조건에서 이들 식이 고전역학의 여러 원리를 정확히 만족하는 지를 검증해 보는 일이다.

식 (49)의 시간 성분을 f_0, 공간 성분을 $\mathbf{f}^{※}$ 로 쓰면

$$\mathbf{f}=(f_0\,|\,\mathbf{f}^{※})$$

로 분해하여 나타낼 수 있다. 실제로 이 f_0 와 $\mathbf{f}^{※}$ 를 계산하면, $v^2=\mathbf{v}\,\mathbf{v}$, $ds=cdt\sqrt{1-\beta^2}$ 임을 알면

$$f_0=m_0c^2\frac{d\boldsymbol{u}^0}{ds}=m_0c^2\frac{d}{ds}\left(\frac{1}{\sqrt{1-\beta^2}}\right)$$

$$=\frac{m_0c^2}{c\sqrt{1-\beta^2}}\frac{d}{dt}\left(\frac{1}{\sqrt{1-\beta^2}}\right)=\frac{m_0}{c}\frac{\mathbf{v}\cdot\dot{\mathbf{v}}}{(1-\beta^2)^2} \tag{50}$$

$$\mathbf{f}^{※}=m_0c^2\frac{d}{ds}\left(\frac{\mathbf{v}}{c\sqrt{1-\beta^2}}\right)$$

$$=\frac{m_0c^2}{c\sqrt{1-\beta^2}}\frac{d}{dt}\left(\frac{\mathbf{v}}{c\sqrt{1-\beta^2}}\right)$$

$$=\frac{m_0\dot{\mathbf{v}}}{(1-\beta^2)}+\frac{m_0\mathbf{v}(\mathbf{v}\,\dot{\mathbf{v}})}{c^2(1-\beta^2)^2} \tag{51}$$

$\mathbf{f}^{※}$ 의 우변 끝항은 첫째 항에 비해 고차의 미소량이므로 이를 무시하면 4원력 $\mathbf{f}$ 는 (50) 과 (51) 로부터

$$\mathbf{f}=\left(\frac{\boldsymbol{F}\mathbf{v}}{c(1-\beta^2)^2}\,\middle|\,\frac{\boldsymbol{F}}{(1-\beta^2)}\right) \tag{52}$$

이 된다. 이 식을 보면 4원력 f 의 시간 성분 f_0 와 공간 성분 f* 는 각각 일과 힘에 관련된 물리량임을 알 수 있다. $\beta^2 = v^2/c^2 \to 0$ 로 간주할 수 있는 기준계에 적용했을 때, f 의 시간 성분 f_0 는 그 c 배가 일의 시간당 량이고, 공간 성분 f* 는 통상적인 의미의 3차원적 힘임을 알 수 있다.

제 5 장　Maxwell 방정식과 Lorentz 변환

□ 24. 분포물질계의 연속 방정식

기체 분자의 흐름과 같이 분포밀도 σ 인 물질소편이 공간에 연속적으로 분포되어 속도 $\mathbf{v}$ 로 이동하고 있는 경우를 떠 올려보자. 이렇게 분포되어 유동하고 있는 물질계의 어느 유한한 부분 영역을 V, 이 V를 감싸는 경계면을 Ω 라 하면, 이 부분에 대한 다음과 같은 적분

$$\frac{\partial}{\partial t}\int_V \sigma\, dV = -\int_\Omega \sigma\mathbf{v}\cdot df \tag{1}$$

이 성립된다.

여기서 dV는 적분영역 V의 체적소, $\mathbf{v}$ 는 밀도 σ 인 물질소편의 속도 벡터이고, df 는 V를 감싸고 있는 경계면 Ω 로부터 외부로 향한 법선방향 면적소이다. 그러니까 이식의 좌변은 지금 고찰하고 있는 공간 영역 V내의 물질소편의 시간당 증가량을 나타내고, 그 우변은 V의 경계면 Ω를 뚫고 들어가는 물질소편의 시간당 유입량을 나타낸다. 따라서 (1) 식은 V안에 있는 분포 물질의 시간당 증가량은, 그 경계면 Ω를 뚫고 들어가는 물질소편의 시간당 유입량에 의해 충당됨을 나타내는 물질계의 **연속 방정식**이다. 그러니까 (1) 식은 밀도 σ 로 분포되어 속도 $\mathbf{v}$ 로 유동하고 있는 물질소편은 상호간에 이합집산은 있어도 그것이 임의의 공간 영역 V 내에서 생겨나거나 소멸되는 일 없이 보존됨을 의미하는, **질량 보존측**을 나타내는 방정식이다. $\sigma\mathbf{v}=j$ 로 바꾸어 쓰면 이 j 는 분포물질의 유동밀도이다. Gauss의 정리를 적용하여 윗식 우변의 표면 적분을 체적적분으

로 바꾸어 쓰면 (1) 식은

$$\frac{\partial}{\partial t}\int_V \sigma dV + \int_V div\ jdV = \int_V\left(\frac{\partial\sigma}{\partial t} + div\ j\right)dV = 0$$

이는 임의의 적분영역 V에 대해 성립되는 것이므로 연속 방정식 (1) 은 공간의 모든 영역에서

$$\frac{\partial\sigma}{\partial t} + div\ j = 0 \tag{2}$$

이 성립된다. 시간 좌표를 $ct = x_0$ 로 바꾸어 쓰고 σ 와 j 를 묶어 하나의 4원 벡터

$$j(c\sigma,\ j_x,\ j_y,\ j_z) \tag{3}$$

로 표기하면, (2) 식은

$$\frac{\partial(c\sigma)}{\partial x^0} + \frac{\partial j_x}{\partial x} + \frac{\partial j_y}{\partial y} + \frac{\partial j_z}{\partial z} = 0 \tag{4}$$

이것으로부터, 분포물질의 상태량을 4원 벡터 (3) 으로 나타냈을 때, 이 j 에 대한 4차원 발산이 0 이 되는 위 (4) 식은 연속 방정식의 4차원적 표현임을 알 수 있다. 그러니까 질량보존 측을 나타내는 식 (2) 의 4차원적 표현형식은 식 (4) 로서 주어진다.

□ 25. 4원 전류

전기량 또는 전하라고 하는 량 e 는 원래 Columb 의 법칙에 의해 정의된 하나의 불변량이다. 그러니까 전기를 띠고 있는 대전 물체의 전하는 물체의 질량과는 달리 관측자에 대한 상대적 운동상태와는 관계없이 어느 계에서 보아도 동일한 값으로 관측된다. 근대 물리학은 전기의 실체를 물

질소편으로 구성된 아주 작은 전자라고 하는 소립자가 지니고 있는 일정량의 전기량에서 찾고 있다. 따라서 전기량 또는 전하의 실체는 물질소편에 묻어 있는 물질과는 또 다른 차원의 물리량으로, 그 자체는 독자적으로 존재할 수 없는 것으로 보고 있다. 따라서 우리가 앞으로 다루게 될 전하말도 ρ 는 그것이 물질소편에 잠복되어 있는 실체임을 알 때, 문제의 순간 그 물질소편이 점유하고 있는 같은 시간, 같은 공간영역에서만 목격되는 물리량이다. 그러니까 전하는 물질소편과 함께 분포되어 있는 전하밀도를 가리키는 것이므로 미소공간 dV 에 함유되어 있는 전하를 de 라 했을 때, dV 는 정지체적 dV_0 와의 사이에 (2-27) 의 관계가 성립되므로, 상대밀도 $de/dV = \rho$ 와 정지밀도 $de/dV_0 = \rho_0$ 와의 사이에는, 언제나

$$\rho_0 = \rho\sqrt{1-\beta^2} \qquad \therefore\ \rho = \frac{\rho_0}{\sqrt{1-\beta^2}} \tag{5}$$

이 성립된다.

ρ_0 는 불변량이므로, 4원 속도 $\mathbf{u}$ 를 써서

$$\boldsymbol{i} = c\rho_0\mathbf{u} \tag{6}$$

로 표기되는 4원 벡터 $\boldsymbol{i}$ 는 죄표계와 무관한 (좌표계에 의존되지 않는) 시공세계의 전류벡터이다. 그러니까 정지밀도 ρ_0 인 분포전하가 속도 $\mathbf{v}$ 로 이동할 때 관측되는 4원 전류밀도 $\boldsymbol{i}$ 의 시간과 공간성분은 (4-15) 에서와 같이,

$$\boldsymbol{i} = \left(\frac{c\rho_0}{\sqrt{1-\beta^2}} \,\middle|\, \frac{\rho_0\mathbf{v}}{\sqrt{1-\beta^2}}\right) = (c\rho \,|\, \boldsymbol{i}^{※}) \tag{7}$$

$$\therefore\ \boldsymbol{i} = (c\rho,\ i_x,\ i_y,\ i_z) = (c\rho,\ \rho v_x,\ \rho v_y,\ \rho v_z) \tag{8}$$

이를 우리는 **4원 전류 벡터**라 한다.

벡터성분은 좌표의 변환과 같은 변환측에 의해 변환되므로, 4원 전류 $\boldsymbol{i}$ 의

Lorentz 변환은 다음과 같은 변환식을 갖는다.

$$c\bar{\rho} = \frac{c\rho - \beta i_x}{\sqrt{1-\beta^2}}, \quad \bar{i}_x = \frac{i_x - \beta c\rho}{\sqrt{1-\beta^2}}, \quad \bar{i}_y = i_y, \quad \bar{i}_z = i_z \tag{9}$$

$$c\rho = \frac{c\bar{\rho} + \beta \bar{i}_x}{\sqrt{1-\beta^2}}, \quad i_x = \frac{\bar{i}_x + \beta c\bar{\rho}}{\sqrt{1-\beta^2}}, \quad i_y = \bar{i}_y, \quad i_z = \bar{i}_z \tag{10}$$

□ 26. 전자장에 관한 파동 방정식의 Lorentz 변환

여기서 우리는 전자장에 관한 Maxwell 방정식의 Lorentz 변환에 대한 불변성을 알아보기로 하자. 상대밀도 ρ 인 전하의 흐름 $\rho\mathbf{v}$ 에 의해 만들어지는 전장과 자장의 파동은, 이른바 지연 포텐셜 ϕ 와 벡터 포텐셜 $\boldsymbol{A}$ 를 써서 다음과 같이 표기된다.

$$4\pi\rho = \frac{1}{c^2}\frac{\partial^2\phi}{\partial t^2} - \frac{\partial^2\phi}{\partial x^2} - \frac{\partial^2\phi}{\partial y^2} - \frac{\partial^2\phi}{\partial z^2} = \Box^2\phi \tag{11}$$

$$\frac{4\pi}{c}\boldsymbol{i} = \frac{1}{c^2}\frac{\partial^2\boldsymbol{A}}{\partial t^2} - \frac{\partial^2\boldsymbol{A}}{\partial x^2} - \frac{\partial^2\boldsymbol{A}}{\partial y^2} - \frac{\partial^2\boldsymbol{A}}{\partial z^2} = \Box^2\boldsymbol{A} \tag{12}$$

이 식의 스카라 ϕ 와 벡터 $\boldsymbol{A}$ 는 부대조건,

$$\mathrm{div}\boldsymbol{A} + \frac{1}{c}\frac{\partial\phi}{\partial t} = 0 \tag{13}$$

을 만족한다.

포텐셜 ϕ 와 $\boldsymbol{A}$ 의 전장 $\boldsymbol{E}$ 와 자장 $\boldsymbol{H}$ 와의 관계는

$$\boldsymbol{E} = -\mathrm{grad}\phi - \frac{1}{c}\frac{\partial\boldsymbol{A}}{\partial t}, \quad \boldsymbol{H} = \mathrm{curl}\,\boldsymbol{A} \tag{14}$$

(11), (12)는 전자파의 전달매체로서 공허한 공간(진공)에 대해 속도 c로서 전파되는 포텐셜 ϕ와 $\boldsymbol{A}$에 관한 파동 방정식이다. (11), (12)의 ϕ와 $\boldsymbol{A}$는 다같이 4개의 시공좌표 $ct,\ x,\ y,\ z$의 함수이므로,

$$\phi(ct,\ x,\ y,\ z),\quad \boldsymbol{A}(ct,\ x,\ y,\ z)$$

이 4개의 좌표 성분 $ct,\ x,\ y,\ z$는 Lorentz 변환으로 다 같이 $c\bar{t},\ \bar{x},\ \bar{y},\ \bar{z}$의 일차 함수로서 관계지워지므로,

$$\frac{\partial\phi}{c\partial t}=\frac{\partial\phi}{c\partial\bar{t}}\frac{c\partial\bar{t}}{c\partial t}+\frac{\partial\phi}{\partial\bar{x}}\frac{\partial\bar{x}}{c\partial t}+\frac{\partial\phi}{\partial\bar{y}}\frac{\partial\bar{y}}{c\partial t}+\frac{\partial\phi}{\partial\bar{z}}\frac{\partial\bar{z}}{c\partial t} \tag{15}$$

그런데 Lorentz 변환 :

$$c\bar{t}=\frac{ct-\beta x}{\sqrt{1-\beta^2}},\quad \bar{x}=\frac{x-\beta ct}{\sqrt{1-\beta^2}},\quad \bar{y}=y,\quad \bar{z}=z$$

에서

$$\frac{\partial\bar{t}}{c\partial t}=\frac{1}{\sqrt{1-\beta^2}},\quad \frac{\partial\bar{x}}{c\partial t}=\frac{-\beta}{\sqrt{1-\beta^2}},\quad \frac{\partial\bar{y}}{c\partial t}=0,\quad \frac{\partial\bar{z}}{c\partial t}=0$$

인 것을 알면, (15)의 미분은

$$\begin{aligned}\frac{\partial\phi}{c\partial t}&=\frac{1}{\sqrt{1-\beta^2}}\frac{\partial\phi}{c\partial t}-\frac{\beta}{\sqrt{1-\beta^2}}\frac{\partial\phi}{\partial\bar{x}}\\&=\frac{1}{\sqrt{1-\beta^2}}\left(\frac{\partial}{c\partial\bar{t}}-\beta\frac{\partial}{\partial\bar{x}}\right)\phi\end{aligned}$$

마찬가지로

$$\frac{\partial\phi}{\partial x}=\frac{\partial\phi}{c\partial\bar{t}}\frac{c\partial\bar{t}}{\partial x}+\frac{\partial\phi}{\partial\bar{x}}\frac{\partial\bar{x}}{\partial x}+\frac{\partial\phi}{\partial\bar{y}}\frac{\partial\bar{y}}{\partial x}+\frac{\partial\phi}{\partial\bar{z}}\frac{\partial\bar{z}}{\partial x}$$

$$= \frac{1}{\sqrt{1-\beta^2}}\left(\frac{\partial}{\partial \bar{x}} - \beta\frac{\partial}{c\partial \bar{t}}\right)\phi$$

$$\frac{\partial \phi}{\partial y} = \frac{\partial \phi}{\partial \bar{y}}, \qquad \frac{\partial \phi}{\partial z} = \frac{\partial \phi}{\partial \bar{z}} \tag{16}$$

위의 결과를 그대로 원용하여 또 한번 미분하면

$$\frac{1}{c^2}\frac{\partial^2 \phi}{\partial t^2} = \frac{1}{1-\beta^2}\left(\frac{\partial}{c\partial \bar{t}} - \beta\frac{\partial}{\partial \bar{x}}\right)^2\phi$$

$$\frac{\partial^2 \phi}{\partial x^2} = \frac{1}{1-\beta^2}\left(\frac{\partial}{\partial \bar{x}} - \beta\frac{\partial}{c\partial \bar{t}}\right)^2\phi$$

$$\frac{\partial^2 \phi}{\partial y^2} = \frac{\partial^2 \phi}{\partial \bar{y}^2}, \qquad \frac{\partial^2 \phi}{\partial z^2} = \frac{\partial^2 \phi}{\partial \bar{z}^2}$$

이 결과를 **d'Alembert 방정식**의 기호 $\Box^2 = \left[\frac{\partial^2}{c^2\partial t^2} - \frac{\partial^2}{\partial x^2} - \frac{\partial^2}{\partial y^2} - \frac{\partial^2}{\partial z^2}\right]$를 써서, 정리하면

$$\Box^2\phi = \frac{1}{c^2}\frac{\partial^2 \phi}{\partial t^2} - \frac{\partial^2 \phi}{\partial x^2} - \frac{\partial^2 \phi}{\partial y^2} - \frac{\partial^2 \phi}{\partial z^2}$$

$$= \left[\frac{1}{1-\beta^2}\left(\frac{\partial}{c\partial \bar{t}} - \beta\frac{\partial}{\partial \bar{x}}\right)^2 - \frac{1}{1-\beta^2}\left(\frac{\partial}{\partial \bar{x}} - \beta\frac{\partial}{c\partial \bar{t}}\right)^2 - \frac{\partial^2}{\partial \bar{y}^2} - \frac{\partial^2}{\partial \bar{z}^2}\right]\phi$$

$$= \frac{1}{c^2}\frac{\partial^2 \phi}{\partial \bar{t}^2} - \frac{\partial^2 \phi}{\partial \bar{x}^2} - \frac{\partial^2 \phi}{\partial \bar{y}^2} - \frac{\partial^2 \phi}{\partial \bar{z}^2} = \overline{\Box}^2\phi$$

$$\therefore\ \Box^2\phi = \overline{\Box}^2\phi \tag{17}$$

즉 ϕ 에 관한 d'Alembert 의 방정식은 Lorentz 변환에 불변함을 알 수 있다. 그것은 비단 ϕ 뿐 아니라 ct, x, y, z 의 함수로서 주어지는 $\boldsymbol{A}$ 의 각 성분에 대해서도 마찬가지로 (17) 의 관계는 그대로 성립된다. 따라서

(11), (12)의 좌변의 ρ와 i도 (10)에 따라 Lorentz 변환하고 위의 (17)의 결과를 인용하면

$$4\pi\left(\frac{\bar{\rho}+\frac{\beta}{c}\bar{i}_x}{\sqrt{1-\beta^2}}\right)=\overline{\Box}^2\phi$$

$$\frac{4\pi}{c}\left(\frac{\bar{i}_x+\beta c\bar{\rho}}{\sqrt{1-\beta^2}}\right)=\overline{\Box}^2 A_x \tag{18}$$

$$\frac{4\pi}{c}\bar{i}_y=\overline{\Box}^2 A_y$$

$$\frac{4\pi}{c}\bar{i}_z=\overline{\Box}^2 A_z$$

위 첫째 식에서 둘째 식의 β 배를 빼면

$$\frac{4\pi}{c}\left(\frac{c\bar{\rho}+\beta\bar{i}_x}{\sqrt{1-\beta^2}}\right)-\frac{4\pi}{c}\left(\frac{\beta\bar{i}_x+\beta^2c\bar{\rho}}{\sqrt{1-\beta^2}}\right)=\overline{\Box}^2\phi-\beta\overline{\Box}^2A_x$$

$$\therefore\ 4\pi\bar{\rho}=\overline{\Box}^2\left[\frac{\phi-\beta A_x}{\sqrt{1-\beta^2}}\right] \tag{19}$$

(18)의 둘째 식에서 첫째 식의 β 배를 빼면

$$\frac{4\pi}{c}\left(\frac{\bar{i}_x+\beta c\bar{\rho}}{\sqrt{1-\beta^2}}\right)-\frac{4\pi}{c}\left(\frac{c\bar{\rho}\beta+\beta^2\bar{i}_x}{\sqrt{1-\beta^2}}\right)=\overline{\Box}^2A_x-\beta\overline{\Box}^2\phi$$

$$\therefore\ \frac{4\pi}{c}\bar{i}_x=\overline{\Box}^2\left[\frac{A_x-\beta\phi}{\sqrt{1-\beta^2}}\right] \tag{20}$$

(19), (20) 의 결과를 4원 벡터로 묶어 표기하면,

$$4\pi\bar{\rho} = \overline{\Box}^2\bar{\phi}, \qquad \frac{4\pi}{c}\bar{\boldsymbol{i}} = \overline{\Box}^2\overline{\boldsymbol{A}} \tag{21}$$

이는 (11), (12) 에 대응하는 $\overline{K}$ 계에 관한 d'Alembert의 방정식이다.

단, 여기서

$$\bar{\phi} = \frac{\phi - \beta A_x}{\sqrt{1-\beta^2}}, \qquad \overline{A}_x = \frac{A_x - \beta\phi}{\sqrt{1-\beta^2}},$$

$$\overline{A}_y = A_y, \qquad \overline{A}_z = A_z \tag{22}$$

이 (22) 는 포텐셜로서 주어진 4개의 시간과 공간 성분 ϕ, A_x, A_y, A_z 에 대한 Lorentz 변환측에 다름 아니다.

(21) 의 결과로부터 우리는 **전자장에 관한 파동 방정식** (11) **과** (12) **는 Lorentz 변환에 불변함**을 알았다.

다음은 (13) 를 $\overline{K}$ 계로 Lorentz 변환해 보자. (13) 를 다시 풀어 쓰고 (16) 의 결과를 인용하면

$$0 = \frac{\partial A_x}{\partial x} + \frac{A_y}{\partial y} + \frac{\partial A_z}{\partial z} + \frac{1}{c}\frac{\partial \phi}{\partial t}$$

$$= \frac{1}{\sqrt{1-\beta^2}}\left(\frac{\partial}{\partial \bar{x}} - \beta\frac{\partial}{c\partial \bar{t}}\right)A_x + \frac{\partial A_y}{\partial \bar{y}} + \frac{\partial A_z}{\partial \bar{z}} + \frac{1}{\sqrt{1-\beta^2}}\left(\frac{\partial}{c\partial \bar{t}} - \beta\frac{\partial}{\partial \bar{x}}\right)\phi$$

$$= \frac{\partial}{\partial \bar{x}}\left(\frac{A_x - \beta\phi}{\sqrt{1-\beta^2}}\right) + \frac{\partial A_y}{\partial \bar{y}} + \frac{\partial A_y}{\partial \bar{z}} + \frac{1}{c}\frac{\partial}{\partial \bar{t}}\left(\frac{\phi - \beta A_x}{\sqrt{1-\beta^2}}\right)$$

(22)의 변환측에 따라 윗 식은

$$\mathrm{div}\,\overline{\boldsymbol{A}} + \frac{1}{c}\frac{\partial\bar{\phi}}{\partial\bar{t}} = 0 \tag{23}$$

이로서 식 (13) 도 Lorentz 변환에 불변함을 안다.

전자장에 의한 파동 (빛) 의 전달속도 c 는 광원의 운동이나 그 파동을 지켜보는 관측자의 운동과는 관계없이 어디서나 같은 속도 c 임이 여러 실험을 통해 확인되었고, 또 모든 물리 법칙은 기준 좌표계의 선정과 관계없이 어느 계에 대해서도 동일한 법칙이 성립되어야 한다는 상대성 원리는, 전자장에 관한 Maxwell 의 파동 방정식 (11), (12) 및 (13) 을 하여금 기준 좌표계의 선정과 관계없이 어느 계에서나 성립되어야 할 것을 요구한다.

바로 이 같은 요구를 충족하는 변환식이 곧 Lorentz 변환이고, 또 역으로 파동 방정식 (11), (12) 및 (13) 은 Lorentz 변환에서 불변함을 알았다.

□ 27. 전장과 자장의 Lorentz 변환

다음은 포텐셜 ϕ 와 $\boldsymbol{A}$ 로서 표기되는 전장 $\boldsymbol{E}$ 와 자장 $\boldsymbol{H}$ 에 관한 식 (14)의 $\overline{K}$ 계의 대응식도 같은 꼴로 기술되어야 할 것이므로, 그것은 다음과 같이 쓸 수 있다.

$$\overline{\boldsymbol{E}} = -\operatorname{grad}\overline{\phi} - \frac{1}{c}\frac{\partial \overline{\boldsymbol{A}}}{\partial t}, \qquad \overline{\boldsymbol{H}} = \operatorname{curl}\overline{\boldsymbol{A}} \tag{24}$$

이 식의 $\overline{\phi}$ 와 $\overline{\boldsymbol{A}}$ 는 K 계에서 성립되었던 (14)의 변환관계를 그대로 역으로 적용할 수 있는 것이므로 (16)과 (22)를 인용하면, (24)의 각 성분은

$$\begin{aligned}
\overline{E}_x &= -\frac{\partial\overline{\phi}}{\partial\overline{x}} - \frac{1}{c}\frac{\partial\overline{A}_x}{\partial\overline{t}} \\
&= -\frac{1}{\sqrt{1-\beta^2}}\left(\frac{\partial}{\partial x} + \beta\frac{\partial}{c\partial t}\right)\overline{\phi} - \frac{1}{\sqrt{1-\beta^2}}\left(\frac{\partial}{c\partial t} + \beta\frac{\partial}{\partial x}\right)\overline{A}_x \\
&= -\frac{1}{(1-\beta^2)}\left(\frac{\partial}{\partial x} + \beta\frac{\partial}{c\partial t}\right)(\phi - \beta A_x) - \frac{1}{(1-\beta^2)}\left(\frac{\partial}{c\partial t} + \beta\frac{\partial}{\partial x}\right)(A_x - \beta\phi)
\end{aligned}$$

$$= -\frac{1}{(1-\beta^{2})}\left[\frac{\partial\phi}{\partial x}(1-\beta^2) + \frac{1}{c}\frac{\partial A_x}{\partial t}(1-\beta^2)\right]$$

$$= -\frac{\partial\phi}{\partial x} - \frac{1}{c}\frac{\partial A_x}{\partial t} = E_x$$

$$\overline{H}_z = \frac{\partial \overline{A}_y}{\partial \overline{x}} - \frac{\partial \overline{A}_x}{\partial \overline{y}}$$

$$= \frac{1}{\sqrt{1-\beta^2}}\left(\frac{\partial}{\partial x} + \beta\frac{\partial}{c\partial t}\right)A_y - \frac{1}{\sqrt{1-\beta^2}}\frac{\partial}{\partial y}(A_x - \beta\phi)$$

$$= \frac{1}{\sqrt{1-\beta^2}}\left(\frac{\partial A_y}{\partial x} - \frac{\partial A_x}{\partial y}\right) + \frac{\beta}{\sqrt{1-\beta^2}}\left(\frac{\partial \phi}{\partial y} + \frac{\partial A_y}{c\partial t}\right)$$

$$= \frac{1}{\sqrt{1-\beta^2}}(H_z - \beta E_y)$$

같은 방법으로 나머지 성분을 모두 구하고 정리하면

$$\begin{aligned} &\overline{E_x} = E_y, \quad \overline{E_g} = \frac{E_y - \beta H_z}{\sqrt{1-\beta^2}}, \quad \overline{E}_z = \frac{E_z + \beta H_y}{\sqrt{1-\beta^2}} \\ &\overline{H}_x = H_x, \quad \overline{H}_y = \frac{H_y + \beta E_z}{\sqrt{1-\beta^2}}, \quad \overline{H}_z = \frac{H_z - \beta E_y}{\sqrt{1-\beta^2}} \end{aligned} \tag{25}$$

이 (25) 는 전장 $\boldsymbol{E}$와 자장 $\boldsymbol{H}$의 Lorentz 변환식에 다름 아니다.
이들 변환식으로부터 우리는 $\boldsymbol{E}$와 $\boldsymbol{H}$에 관한 다음과 같은 상대적 관계를 읽어낼 수 있다. 가령 K계에 고정된 하전입자를 K계 자체에서 보면 그 주변에 전장이 있을 뿐 자장은 나타나지 않는다. 그러나 이것을 $\overline{K}$계에 보면 전장 뿐 아니라 자장도 함께 나타난다. 이것을 우리는 (25) 의 변환식으로부터 읽어낼 수 있다.

지금 $\overline{K}$계의 임의 한 장소 P의 전장을 $\overline{E}_x$, $\overline{E}_y$, $\overline{E}_z$ 라 하고, 이것이 그 주변에 전하량 e 인 하전 입자에 작용하는 힘을 $\overline{F}_x$, $\overline{F}_y$, $\overline{F}_z$ 라 하면, 이 $\overline{K}$계에서는

$$\overline{F}_x = e\,\overline{E}_x, \quad \overline{F}_y = e\,\overline{E}_y, \quad \overline{F}_z = e\,\overline{E}_z$$

이 식의 $\overline{F}_x$, $\overline{F}_y$, $\overline{F}_z$ 와 $\overline{E}_x$, $\overline{E}_y$, $\overline{E}_z$ 를 (4-45) 와 위의 (25) 에 따라 K계로 변환하면

$$\begin{aligned} F_x &= \overline{F}_x \\ &= e\,\overline{E_x} = e\,E_x \\ F_y &= \overline{F}_y\sqrt{1-\beta^2} = (e\,\overline{E}_y)\sqrt{1-\beta^2} = e\left(\frac{E_y-\beta H_z}{\sqrt{1-\beta^2}}\right)\sqrt{1-\beta^2} \\ &= e\left(E_y - \frac{V}{c}H_z\right) \end{aligned}$$

같은 수순으로 F_z 도 구할 수 있다. 그 결과를 정리하면

$$F_x = e\,E_x, \quad F_y = e\left(E_y - \frac{V}{c}H_z\right), \quad F_z = e\left(E_z + \frac{V}{c}H_y\right) \tag{26}$$

이 (26) 식의 $\boldsymbol{E}(E_x,\ E_y,\ E_z)$ 와 $\boldsymbol{H}(H_x,\ H_y,\ H_z)$ 는 $\overline{K}$계의 $\overline{\boldsymbol{E}}(\overline{E}_x,\ \overline{E}_y,\ \overline{E}_z)$ 가 K계에 만들어 내는 전장과 자장이고, $\boldsymbol{F}(F_x,\ F_y,\ F_z)$ 는 $\overline{K}$계의 $\overline{\boldsymbol{F}}(\overline{F}_x,\ \overline{F}_y,\ \overline{F}_z)$를 K계로 변환한 (K계에서 본) 힘의 성분이다. 그러니까 이 경우 K계의 관측자로서는 식 (26) 을 다음과 같이 읽어낼 것이다.

즉, 하전 입자 e가 전장 $\boldsymbol{E}$와 자장 $\boldsymbol{H}$가 혼재하고 있는 전자장을 속도 V로 x 방향으로 질주할 때 받는 힘은 $\boldsymbol{F}$로서 주어진다는 판단을 할 것이다.

그러니까 이 경우 $\overline{K}$계의 K계에 대한 상대 속도 $\boldsymbol{V}$를 하전입자 e 의 K계에 대한 상대속도 $\mathbf{v}(V,\ 0,\ 0)$ 로, 바꾸어 쓰고, 하전입자 e 가 받는 힘을

$\boldsymbol{F}(F_x,\ F_y,\ F_z)$ 로 표기하여 식 (26)을 한데 묶어 K계에 관한 벡터로 표기하면

$$\boldsymbol{F} = e\left(\boldsymbol{E} + \frac{1}{c}[\mathbf{v} \times \boldsymbol{H}]\right)$$

$$= e\boldsymbol{E} + \frac{1}{c}[\boldsymbol{i} \times \boldsymbol{H}] \tag{27}$$

이 된다.

이는 곧 전장 $\boldsymbol{E}$와 자장 $\boldsymbol{H}$가 혼재하는 전자장에 속도 $\mathbf{v}$로 운동하는 하전 입자 e가 받는 Lorentz의 힘에 다름 아니다.

따라서 전하량 e, 질량 m_0 인 하전 입자가 전자장으로부터 힘 $\boldsymbol{F}$를 받았을 때의 운동 방정식은

$$\frac{d}{dt}\left(\frac{m_0\mathbf{v}}{\sqrt{1-\beta^2}}\right) = e\left(\boldsymbol{E} + \frac{1}{c}[\mathbf{v} \times \boldsymbol{H}]\right)$$

이 된다.

이것을 다시 성분별로 분해하여 표기하면 식 (4-41)이 가르치는 바에 따라

$$\frac{m_0}{(1-v^2/c^2)^{3/2}}\,\frac{dv_x}{dt} = e\,E_x$$

$$\frac{m_0}{(1-v^2/c^2)^{1/2}}\,\frac{dv_y}{dt} = e\left(E_y - \frac{v}{c}H_z\right) \tag{28}$$

$$\frac{m_0}{(1-v^2/c^2)^{1/2}}\,\frac{dv_z}{dt} = e\left(E_z + \frac{v}{c}H_y\right)$$

로서 주어진다.

제 6 장 빛의 Doppler 현상과 우주여행

□ 28. 빛의 Doppler 현상

하늘의 별 빛을 분광기로 받아 스펙트럼 분석해 보면 그 대부분이 지상에 있는 원소들로부터 나오는 빛과 일치한다. 이것으로부터 하늘에 떠 있는 우주공간의 물질들도 지상의 원소들과 같은 것으로 구성되어 있음을 추정할 수 있다. 그러나 별이 쏟아내는 빛은 일반으로 지상의 것과 정확히 일치하지 않고 극히 작은 값이기는 하나 빛 스펙트럼이 얼마간 한쪽으로 쏠린 변이 (shift) 된 빛임을 발견하게 된다. 이 같은 진동수의 변화는 태양을 선회하고 있는 지구의 운동과 별자체의 태양계에 대한 상대 운동이 복합적으로 중첩되어 나타나는 **Doppler 현상**으로 설명되고 있다. 또 이 같은 스펙트럼의 변이로부터 우리는 별과 지구의 상대적 운동에 관한 정보를 읽어내기도 한다. 빛의 Doppler 현상은 소리나 다른 파동과는 달리 빛을 전파하는 매질이 특별히 허공 (진공) 인 경우이면, 빛을 방출하는 광원과, 이를 관찰하는 관측자 상호 간의 상대적 운동에 의해서만 결정되는 특징이 있다.

일반으로 파동은 다음 3가지 인자로서 특정 지을 수 있다.

1. 진동수 ν 또는 파장 λ
2. 주어진 매질에 대한 전달 속도
3. 진행 방향

파장이 λ 인 빛이 원점 O 로부터 $\mathbf{n}$ 방향으로 속도 c 로 전파되고 있는 빛 파동을 생각해 보자. 빛의 진행 방향 $\mathbf{n}$ 이 x, y 좌표면 위에 깔려 있다고 하고, 원점으로부터 극히 짧은 기간 빛을 내고 이내 꺼져버리는 빛 펄스를 떠올려 보자. 이것을 그림으로 나타내면 다음과 같이 그려낼 수 있다.

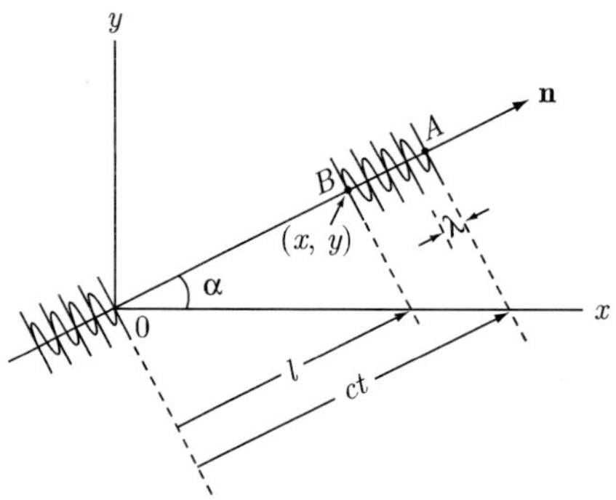

원점 O 에서 방출된 빛 펄스의 최초의 파면은 $t=0$ 에서 원점을 떠나 t 시간 후에 점 A 에 도달하고, 같은 시간 그 마지막 파면은 점 B 에 도달했다고 하자.

이때 점 B 의 좌표를 $(x,\ y)$ 라 하면, 원점 O 에서 B 점에 이르는 거리 l 은

$$l = x\cos\alpha + y\sin\alpha$$

따라서 빛이 원점 O 로부터 B 점에 도달하기까지 소요되는 시간은 l/c 이 되므로, $t=0$ 에서 원점을 떠난 파동의 맨 앞머리가 t 초 후에 점 A 에 도달했다고 하면 A, B 사이를 주름잡고 있는 파동의 수 n 은

$$n = \frac{ct-l}{\lambda} = \nu\left(t-\frac{l}{c}\right) = \nu\left(t-\frac{x\cos\alpha + y\sin\alpha}{c}\right) \qquad (1)$$

이 된다. 여기서 $\nu=c/\lambda$ 는 진동수이다.

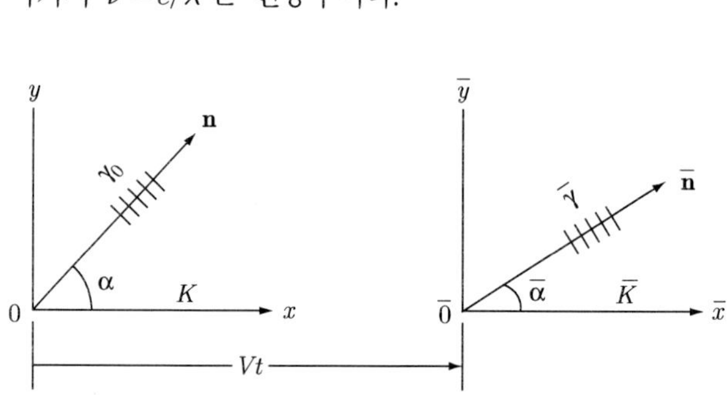

파동은 공간을 누비며 이동하는 실체이므로 (1) 식은 당연히 시간 t 와 공간 좌표 x, y 의 함수로서 기술됨을 알 수 있다.
이렇게 방출된 빛 펄스의 파동수 n 은 어느 기준계에서 보아도 같은 값 n 이다.

지금 정지계 K의 시각 $t=0$ 일 때 $\bar{t}=0$ 이고, 이때 두 좌표계 K와 $\overline{K}$ 가 완전히 포개지고, 바로 그 때, 원점 O 로부터 고유진동수 ν_0 인 빛 펄스가 K계의 $\mathbf{n}$ 방향으로 방출되었다고 하자. 이를 이 계에 대하여 상대적으로 속도 V로 질주하고 있는 $\overline{K}$계에서 보았을 때, 진동수 ν 와 파동의 진행방향을 나타내는 앙각 α 는 K계와 얼마간 달라질 수는 있어도 빛 펄스의 파동수 n 은 달라질 수 없는 불변량이다. 따라서 파동을 기술하는 K계의 시간과 공간 좌표 t, x, y 에 대한 $\overline{K}$계의 대응 좌표를 $\bar{t}$, $\bar{x}$, $\bar{y}$ 라 하면, $\overline{K}$ 계에 관해서도 위의 파동수 n 은 불변일 것이므로

$$\nu_0\left(t-\frac{x\cos\alpha+y\sin\alpha}{c}\right)=\bar{\nu}\left(\bar{t}-\frac{\bar{x}\cos\bar{\alpha}+\bar{y}\sin\bar{\alpha}}{c}\right) \qquad (2)$$

이 성립될 것이다. 이는 시간 공간의 모든 값에서 성립되어야 한다.
이 식 우변의 $\bar{\nu}$, $\bar{\alpha}$ 는 $\overline{K}$ 계에서 관측되는 진동수와 빛 펄스의 향방을 지정하는 $\bar{x}$ 축에 대한 앙각이다. 빛 전달 속도는 K계나 $\overline{K}$ 계에서 다 같이 같은 값 c 로 놓았다.

좌변의 t, x, y 에 식 (2-22) 을 써서 Lorentz 변환하고 이를 정리하면 $\bar{t}$, $\bar{x}$, $\bar{y}$ 에 관한 다음 항등식을 얻는다.

$$\left(\frac{1-\beta\cos\alpha}{\sqrt{1-\beta^2}}\right)\nu_0\bar{t}-\left(\frac{\cos\alpha-\beta}{c\sqrt{1-\beta^2}}\right)\nu_0\bar{x}-\frac{\sin\alpha}{c}\nu_0\bar{y}$$
$$=\bar{\nu}\bar{t}-\frac{\cos\bar{\alpha}}{c}\bar{\nu}\bar{x}-\frac{\sin\bar{\alpha}}{c}\bar{\nu}\bar{y} \qquad (3)$$

이 식은 $\bar{t}$, $\bar{x}$, $\bar{y}$ 의 모든 값에서 성립된다. 따라서 $\bar{t}$, $\bar{x}$, $\bar{y}$ 의 양변의

계수 끼리는 항등적으로 같아야 한다. 이 조건으로부터

$$\bar{\nu} = \nu_0\left(\frac{1-\beta\cos\alpha}{\sqrt{1-\beta^2}}\right)$$

$$\bar{\nu}\cos\bar{\alpha} = \nu_0\left(\frac{\cos\alpha-\beta}{\sqrt{1-\beta^2}}\right) \tag{4}$$

$$\bar{\nu}\sin\bar{\alpha} = \nu_0\sin\alpha$$

를 얻는다.

이 식의 둘째와 셋째 식으로부터

$$\tan\bar{\alpha} = \frac{\sqrt{1-\beta^2}\sin\alpha}{\cos\alpha-\beta} \tag{5}$$

인 관계를 얻는다.

(4) 의 첫째와 둘째 식으로부터 $\cos\alpha$ 를 소거하면

$$\bar{\nu} = \nu_0\left(\frac{\sqrt{1-\beta^2}}{1+\beta\cos\bar{\alpha}}\right) \tag{6}$$

이것이 곧 구하고자 하는 빛의 Doppler 효과를 나타내는 방정식이다. 이 식을 벡터 기법으로 표기하면, $\beta\cos\bar{\alpha} = \mathbf{v}\bar{\mathbf{n}}/c$ 로 놓을 수 있으므로

$$\bar{\nu} = \nu_0\left(\frac{\sqrt{1-\beta^2}}{1+\mathbf{v}\bar{\mathbf{n}}/c}\right) \tag{7}$$

이 식의 $\mathbf{v}$ 는 광원에 대해 상대적으로 멀어지는 방향으로 질주하는 관측자의 광원에 대한 상대 속도이고, $\bar{\mathbf{n}}$ 는 $\bar{K}$ 계에서 관측되는 빛의 방향 벡터이다.

특별히 $\bar{K}$ 계가 빛의 진행방향과 같은 방향으로 멀어지는 경우이면,

$\alpha = 0$ 이 되므로 이 경우 (5) 로부터 $\overline{\alpha} = 0$ 이 됨을 알 수 있다. 따라서 이 경우 $\beta \cos \overline{\alpha} = \beta = \frac{v}{c}$ 이 되므로, (6) 으로부터

$$\overline{\nu} = \nu_0 \frac{\sqrt{1-\beta^2}}{1+\beta} = \nu_0 \frac{\sqrt{1-\beta}}{\sqrt{1+\beta}} \tag{8}$$

이것을 보면, $\overline{\nu} < \nu_0$ 이 되어 $\overline{K}$ 계에서 관측되는 빛 스펙트럼은 광원의 고유 진동수 ν_0 보다 낮은, 붉은 쪽으로 쏠린 빛으로 관측됨을 알 수 있다.

반대로 관원에 대한 상대 운동이, 가까워지는 경우이면 β 의 부호가 바뀌어 질 것이므로 이 경우 (6) 은

$$\overline{\nu} = \nu_0 \frac{\sqrt{1-\beta^2}}{1-\beta} = \nu_0 \frac{\sqrt{1+\beta}}{\sqrt{1-\beta}} \tag{9}$$

이 되어 푸른 쪽으로 쏠린 빛으로 바뀌어 진다.

이처럼 빛에 대한 Doppler 현상은 광원과 관측자 상호간의 상대적 운동에만 의존되는 현상으로, **멀어질 때는 파장이 길어 보여 붉은 쪽으로, 가까워 질 때는 파장이 짧게 보여 푸른 쪽으로 각각 스펙트럼의 쏠림 현상이 나타나게 된다.**

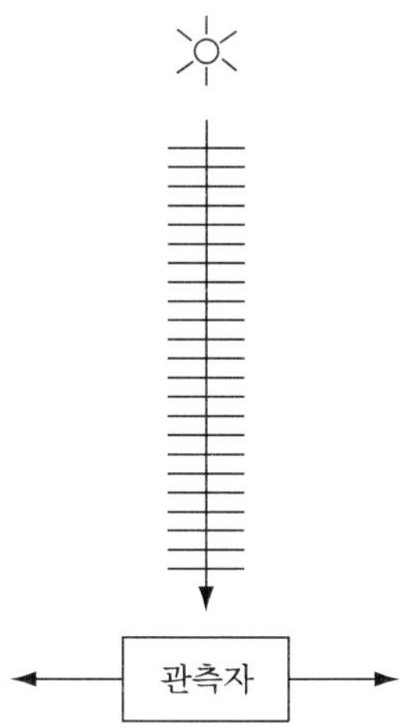

한편, 그림과 같이 빛의 진행방향과 관측자의 이동방향이 완전 측면이 되면 즉, $\overline{\alpha} = \pi/2$ 또는 $-\pi/2$ 이면 (6) 으로부터

$$\overline{\nu} = \nu_0 \sqrt{1-\beta^2} \tag{10}$$

를 얻는다.

이때도 관측되는 빛의 진동수는 고유 진동수 ν_0 보다 낮다. 공기 속을 전파하는 소리의 파동이라면 이 같은 경우 Doppler 현상

은 나타나지 않는다.

빛에서만 이런 현상이 나타나는데, 그것은 관측자에 대하여 상대적으로 운동상태에 있는 광원의 고유시간이 관측자에게는 언제나 느리게 관측되기 때문에 나타나는 빛 특유의 상대론적 Doppler 현상으로 설명되고 있다.

□ 29. 광행차

하늘에서 떨어지는 빗방울을 달리는 차 안에서 내다보면 수직으로 떨어지는 것이 아니라 앞 쪽에서 비스듬히 내려친다. 망원경으로 머리 위에 떠 있는 하늘의 별 빛을 관찰할 때 망원경의 앞머리를 지구의 운동방향으로 얼마간 앞으로 기울어 주어야 볼 수 있다는 원리는, 지구가 허공을 뚫고 내려치는 광선(光線)에 대해 상대적으로 이동하고 있기 때문이다. 그것은 빛을 빗방울과 같은 입자로 보면 누구나 쉽게 납득할 수 있다.

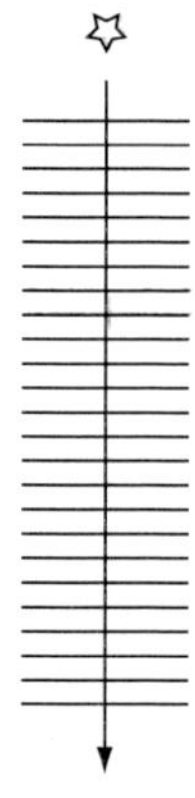

지금 빛 입자가 망원경을 관통하는 길이를 l 이라 하면, (이 l 은 망원경의 길이가 아니다) 빛이 망원경 속을 통과하는데 소요되는 시간은 l/c 이다. 공전 궤도상의 지구의 운동속도를 v 라 하면, 이 시간 동안 망원경은 지구와 함께 vl/c 만큼 이동할 것이므로 그 이동거리를 d 라 하면

$$\frac{d}{l} = \frac{v}{c} \tag{11}$$

인 관계가 성립된다.

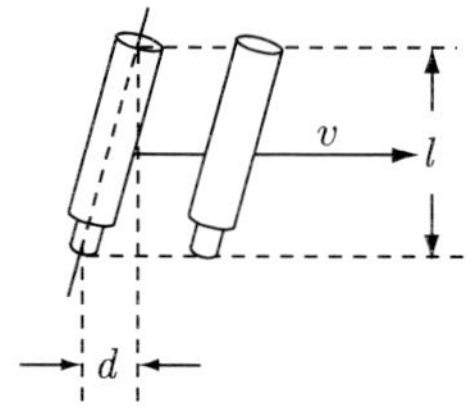

그러니까 망원경으로 머리 위 수직상공에 떠 있는 별을 관찰할 때, 망원경의 앞머리를 지구의 운동방향으로 v/c 만큼 기울어 주지 않으면 안 된다는 것을 (11) 식은 보여준다(그림 참조).

실제로 이 기울기를 계산해 보자. 공전궤도 상

의 지구의 운동속도는 대략 $v=3\times10^{6}$ cm/sec 이고, 광속은 $c=3\times10^{10}$ cm/sec 이므로

$$\frac{v}{c}=10^{-4}$$

정도이다.

이 같은 현상의 발견은 **Bradley** (1727) 에 의해 밝혀진 것으로 이를 우리는 **광행차(光行差)** 라 한다.

상대성 이론이 나오기 전, 빛이 전자장의 파동임이 알려졌음에도 이 광행차의 현상을 아무도 파동의 원리로는 설명해 내지 못했다. 그러나 상대성 이론은 마침내 이 현상을 파동의 Doppler 현상으로 설명해 준다. 그것은 빛을 내는 광원과 그 빛을 관찰하는 관측자 사이가 가까워지거나 멀어지는 외길 운동이 아니라, 빛의 도래(到來) 방향과 관측자의 운동이 일정한 각도를 가질 때 나타나는 Doppler 현상의 일환으로 설명된다.

우리는 지금부터 빛의 도래 방향과 관측자의 운동방향이 일정한 각도를 가진, 다음 그림과 같은 경우를 예로 들어 생각해 보자.

K를 항성계에 고정된 좌표계, $\overline{K}$를 지상에 고정된 좌표계라 하고, $\overline{K}$계의 K계에 대한 상대운동을 x 방향으로 잡으면 다음과 같이 그려 낼 수 있다.

아래에 그려진 그림을 거꾸로 돌려놓고 보아 보자. 그러면, 항성계 K의 $y=0$ 인 지점에서 지상으로 쏟아지는 별빛을, 광원에 가까워지는 지상 $\overline{K}$계에서 관측하는 경우에 해당함을 알 수 있다. 따라서 $\overline{K}$계의 K계에 대한 상대운동은 광원에 가까워지는 경우에 해당하므로, 앞에서 구한 관계식 (4), (5), (6), (7)의 β의 부호만 바꾸어주면, 이들 식을 여기에 그대로 적용할 수 있다.

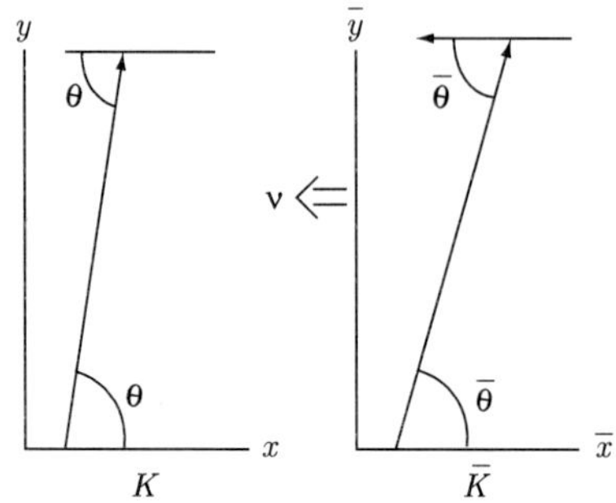

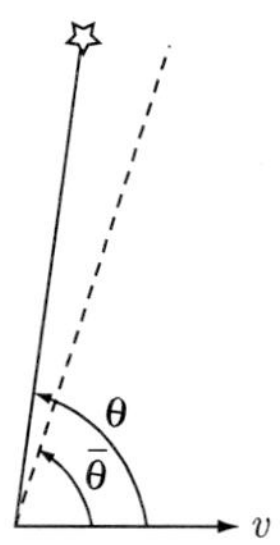

각 α 를 θ 로 바꾸어 쓰고, 식 (4) 의 첫째와 셋째 식으로부터 ν_0, $\bar{\nu}$ 를 소거하면

$$\sin\bar{\theta} = \frac{\sqrt{1-\beta^2}\sin\theta}{1+\beta\cos\theta}$$

앞에서 본 바와 같이 β 는 대략 10^{-4} 정도이므로 이보다 높은 고차의 무한소 β^2 을 무시하면, 윗 식은

$$\sin\bar{\theta} = \frac{\sin\theta}{1+\beta\cos\theta} \simeq \sin\theta(1-\beta\cos\theta)$$

로 놓을 수 있다.

이것으로부터

$$\sin\theta - \sin\bar{\theta} = \beta\cos\theta\sin\theta$$

이는 또 다음과 같이 바꾸어 쓸 수 있다. 즉

$$(\theta-\bar{\theta})\frac{d}{d\theta}(\sin\theta) = \beta\cos\theta\sin\theta$$

$$(\theta-\bar{\theta})\cos\theta = \beta\cos\theta\sin\theta$$

$$\therefore\ \theta-\bar{\theta} = \frac{v}{c}\sin\theta$$

$(\theta-\bar{\theta})$ 이 광행차임을 알면, 이는 $\theta=\pi/2$ 일 때 최대가 된다.
따라서 머리 위 수직 상공에 떠있는 별을 관측할 경우의 $\bar{\theta}$ 는, 식 (5) 로부터

$$\tan\bar{\theta}=\frac{\sqrt{1-\beta^2}}{v/c}=\frac{c\sqrt{1-\beta^2}}{v} \qquad (12)$$

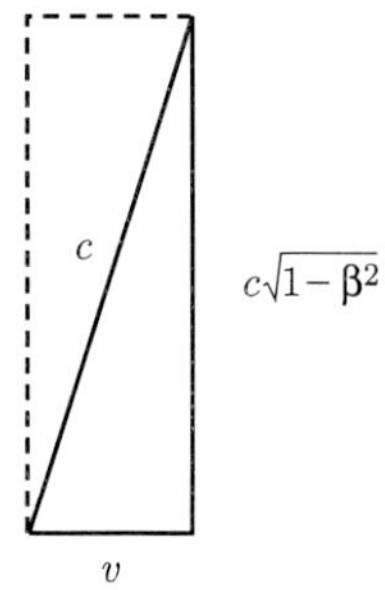

이 된다.

이것은 고전적 방식으로 구한 (11) 보다 높은 정도(精度)의 기울기라 할 수 있다.
이를 우리는 **광행차의 정수**라 한다. $\beta^2\rightarrow 0$ 이면 (11) 과 일치함을 알 수 있다.

□ 30. 우주여행

상대성 이론에 관한 통속적인 책을 열어보면 어느 것 할 것 없이 등장하는 것이 바로 **time paradox** 에 관한 이야기가 나온다. 결론부터 말하면, 쌍둥이 형제 중 한 사람이 고속 로켓을 타고 긴 세월동안 우주여행을 마치고 지구로 돌아왔다. 그런데 지구에서 형의 무사귀환을 염원하며 수십 년을 기다렸던 동생은 그 긴 세월을 보내면서 할아버지가 되어버렸는데, 우주여행을 마치고 지구로 귀환한 형은 조금도 늙지 않은 채 장년의 모습으로 돌아왔다는 전설 같은 이야기이다. 과연 그게 그럴 수 있을까?
이것은 상대성 이론이 제시하고 있는 시간의 지연을 현실로서 받아들여 상상으로 엮어낸 소설이지만, 사실 여부를 떠나서, 이론상 이 같은 결론을 이끌어 낼 수 있다는 것이 더 흥미롭다.

로켓을 띠워 우주여행을 떠나보내는 거창한 Project 를 한 번 상상해 보자. 먼저 로켓을 분사시켜 지구로부터 우주선을 띠워 보낼 때 적용될 운동 방정식을 찾아내는 일이다.

지구에 고정된 기준 좌표계를 K, 우주선 J 와 함께 하는 기준 좌표계

를 K' 이라 하고, 우주선 J의 고유질량을 m_0 라 하자. 로켓의 분사로 우주선 J에 가해지는 추진력 F는 우주선의 주행 방향과 항시 일치한다고 하고, 그 방향을 다 같이 K와 K' 계의 x 방향으로 잡아 놓았다고 하자. 가속이 진행되는 동안 J와 함께 질주하고 있는 좌표계 K' 이, K' 계의 고유시간 τ에서 J에 대한 순간 정지계 K^{*} 을 가상하면 (K' 계가 시간 τ에서 우주선 J의 순간속도와 같은 속도로 $d\tau$ 동안 등속운동을 하는 가상 기준계 K^{*} 에 대해서는) 우주선 J는 속도 0 에서 $d\tau$ 동안 du 만큼 가속되고 있음을 알게 될 것이다. 따라서 우주선 J에 대한 순간 정지계 K^{*} 에 대해서는

$$\frac{du}{d\tau} = \frac{F}{m_0} \tag{13}$$

이 성립된다.

우리는 (□-21) 에서 이미 외력에 의해 가속되는 질점에 관한 운동 방정식을 취급한 바 있다. (4-41) 의 첫째 식을 변형하면

$$\frac{dv}{dt} = \left(1 - \frac{v^2}{c^2}\right)^{3/2} \frac{F}{m_0} \tag{14}$$

이 식에 (13) 을 적용하면

$$\frac{dv}{dt} = \left(1 - \frac{v^2}{c^2}\right)^{3/2} a, \qquad \text{단} \quad a = \frac{du}{d\tau} = \frac{F}{m_0} \tag{15}$$

로켓의 추진력 F를 일정하게 잡아주면 J의 가속도 a는 일정한 정수로 취급할 수 있다. 그러니까 식 (15) 에서 $a = du/d\tau$는 K^{*} 계에 관한 가속도이고, dv/dt는 K계에 관한 가속도이다. 식 (15) 는 다시 다음과 같이 바꾸어 쓸 수 있다.

$$\frac{d}{dt}\left(\frac{v}{\sqrt{1 - v^2/c^2}}\right) = a$$

$a = (\text{일정})$ 이므로, 이를 적분하여 $t=0$ 에서 $v=0$ 로 놓으면

$$v = \frac{at}{\sqrt{1+\left(\frac{at}{c}\right)^2}} \tag{16}$$

이것으로부터

$$1-\frac{v^2}{c^2} = \frac{1}{1+\left(\frac{at}{c}\right)^2} \tag{17}$$

인 관계를 얻는다.

식 (16) 과 (17) 의 t 와 v 는 정지계 K(지구) 에 대한 시간이고 속도이다. 즉

$$\frac{dx}{dt} = v = \frac{at}{\sqrt{1+\left(\frac{a}{c}t\right)^2}} \tag{18}$$

이것을 적분하여 $t=0$ 에서 $x=0$ 으로 잡아주면

$$x = \frac{c^2}{a}\left(\sqrt{1+\left(\frac{at}{c}\right)^2} - 1\right) \tag{19}$$

한편 K' 계의 고유시간 τ 와 K 계의 시간 t 사이에는 (3-32) 에 의해

$$\tau = \int_0^t \sqrt{1-\frac{v^2}{c^2}}\, dt$$

τ 의 t 와의 관계를 구하기에 앞서, 로켓의 속도 v 를 매개로 하여 τ 와 v, t 와 v 의 관계를 먼저 구한다. 최초 출항할 때 $t=0$, $\tau=0$, $v=0$ 에서 일정 가속도 a 이 가해져 $t \to t_1$ 에서 $\tau \to \tau_1$, $v \to v_1$ 으로 각각 바꾸어진다고 하면 윗 식은

$$\tau_1 = \int_0^{t_1} \left(1 - \frac{v^2}{c^2}\right)^{1/2} dt$$

(15) 를 인용하여 적분변수 dt 를 dv 로 바꾸어 주면, 이 적분은

$$\tau_1 = \int_0^{t_1} \left(1 - \frac{v^2}{c^2}\right)^{1/2} dt = \int_0^{v_1} \left(1 - \frac{v^2}{c^2}\right)^{1/2} \frac{dv}{a\left(1 - \frac{v^2}{c^2}\right)^{3/2}} = \frac{1}{a} \int_0^{v_1} \frac{dv}{\left(1 - \frac{v^2}{c^2}\right)}$$

$$= \frac{1}{2a} \int_0^{v_1} \left(\frac{1}{1 - \frac{v}{c}} + \frac{1}{1 + \frac{v}{c}} \right) dv = \frac{c}{2a} \log \frac{1 + \frac{v_1}{c}}{1 - \frac{v_1}{c}}$$

$$\therefore \ \frac{a}{c}\tau_1 = \frac{1}{2} \log \frac{1 + \frac{v_1}{c}}{1 - \frac{v_1}{c}} \tag{20}$$

한편 t 와 v 의 관계는 식 (15) 로부터

$$t_1 = \frac{1}{a} \int_0^{v_1} \left(1 - \frac{v^2}{c^2}\right)^{-3/2} dv = \frac{c}{a} \frac{\frac{v_1}{c}}{\sqrt{1 - \frac{v_1^2}{c^2}}}$$

$$\therefore \ \frac{a}{c} t_1 = \frac{\frac{v_1}{c}}{\sqrt{1 - \frac{v_1^2}{c^2}}} \tag{21}$$

이렇게 하여 구해진 τ 와 v, t 와 v 의 관계식 (20) 와 (21) 을 가지고 v 를 매개로 t 와 τ 의 관계를 구한다.

지금 $\frac{a}{c}\tau_1 = g$ 로 놓으면 (20) 으로부터

$$\frac{1+\dfrac{v_1}{c}}{1-\dfrac{v_1}{c}} = e^{2g}$$

$$\therefore\ \frac{v_1}{c} = \frac{e^{2g}-1}{1+e^{2g}} = \frac{e^{g}-e^{-g}}{e^{g}+e^{-g}} = \tanh g$$

이 결과를 (21) 에 대입하면

$$\frac{a}{c}t_1 = \frac{\dfrac{v_1}{c}}{\sqrt{1-\dfrac{v_1^2}{c^2}}} = \frac{\tanh g}{\sqrt{1-\tanh^2 g}} = \sinh\left(\frac{a}{c}\tau_1\right)$$

인 관계를 얻는다. 따라서 t 와 τ 와의 관계는

$$\therefore\ t = \frac{c}{a}\sinh\left(\frac{a}{c}\tau\right) \tag{22}$$

이 (22) 의 결과를 (19) 에 대입하여, x 와 τ 와의 관계를 구하면

$$x = \frac{c^2}{a}\left[\sqrt{1+\sinh^2\left(\frac{a}{c}\tau\right)}-1\right] = \frac{c^2}{a}\left[\cosh\left(\frac{a}{c}\tau\right)-1\right]$$

$$\therefore\ x = \frac{c^2}{a}\left[\cosh\left(\frac{a}{c}\tau\right)-1\right] \tag{23}$$

한편 K 에 대한 상대 속도 v 는, (22) 를 (18) 에 대입하므로서

$$v = c\tanh\left(\frac{a}{c}\tau\right) \tag{24}$$

를 얻는다. (22), (23) 으로부터 우리는 $ds^2 = c^2d\tau^2 = c^2dt^2 - dx^2$ 이 성립됨을 확인할 수도 있을 것이다. 식 (19) 로서 주어지는 J 의 궤적은 ct, x

평면상에서 속도 v 는 광속 c 로 수렴하는 쌍곡선이 된다. 물론 그것은 J 의 추진력 F 이 끝없이 지속될 때의 이야기이다.

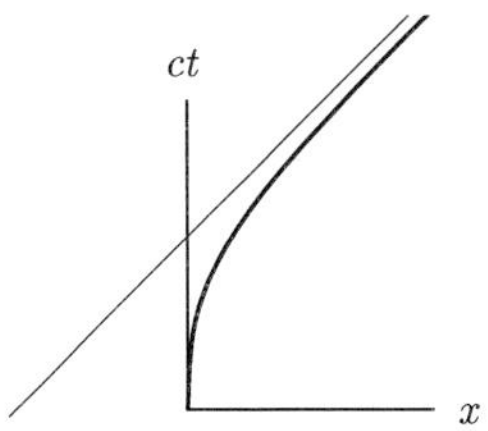

이렇게 우주로 떠난 우주선은 다시 지구로 회항하지 않으면 안 된다.
회항은 다음과 같은 수순을 밟는다. 역추진 로켓을 점화시켜 일정 가속도 $-a$ 로 감속시켜주면, J 는 점차 감속되어 어느 시점에서 K 에 대한 상대속도 v 는 $v=0$ 이 되어 멈추게 된다. 이 시점에서 우주선의 기수를 지구로 향하게 돌려놓고 로켓 엔진을 다시 전진 방향으로 점화 가속해 주면, 우주선은 지구로 향한 귀향길로 돌아서게 된다. 따라서 로켓의 가속도를 추진과정에서나 역추진과정에서 다 같이 일정 가속도 a 가 되게 조정하여 부호만 바꾸어지게 하면, 위에서 취급한 관계식을 그대로 적용할 수 있어 편리하다. 이 경우 $-a$ 로 감속 엔진이 작동되는 시점으로부터 기수가 반전되어 다시 지구로 향해 가속되는 과정의 궤적은, 출항 당시의 가속 궤적을 거꾸로 바꾸어 놓은 것이 될 것이므로, 잠정적으로 감속 엔진이 작동되는 시점 A 를 $x=0$, $\tau=0$, $t=0$ 로 잡고, J 의 K 계에 대한 속도 $v=0$ 이 되는 시점 B 의 좌표를 각각 x_0, τ_0, t_0 라 하면, 궤도상의 임의의 점 t, x 의 값은, 식 (22) 의 결과로부터

$$t=\frac{c}{a}\left[\sinh\left(\frac{a}{c}\tau_0\right)+\sinh\left(\frac{a}{c}[\tau-\tau_0]\right)\right] \tag{25}$$

$$x=\frac{c^2}{a}\left[\cosh\left(\frac{a}{c}\tau_0\right)-\cosh\left(\frac{a}{c}[\tau-\tau_0]\right)\right] \tag{26}$$

이것으로부터 A 에서 B 를 거쳐 C 에 이르는 시간 t 와 τ 와의 상관관계를 계산해 낼 수도 있고, 또 역추진 감속 엔진이 작동되는 시점 A 로부터 J 가 완전히 멈추기까지의 거리 x_0 도 이식으로부터 구할 수 있다.

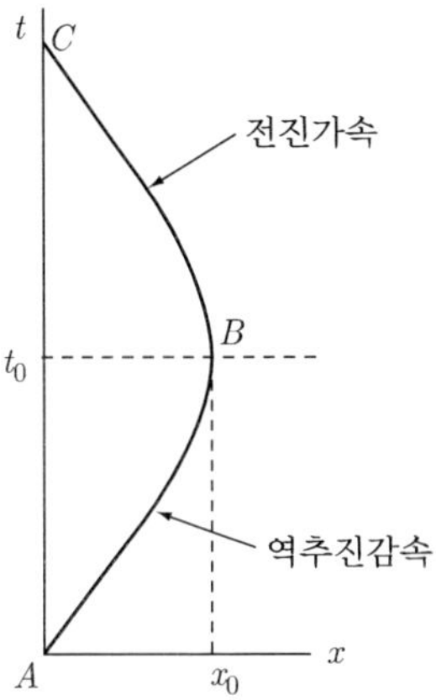

이제 우리는 실제 상황을 가상하고, 우주선을 출항시켜 우주여행을 마치고 회항시키는 전 과정에 관한 profile chart를 계산기만 갖고 있으면 만들어낼 수 있다. 다만 엔진 연료와 우주인의 식량문제, 호흡용 산소와 배설물 처리 문제 등은 우리의 관심 대상이 아니다. 그러나 우주선의 연료와 식량 등의 하중이 우주선 전체 질량 m_0의 대부분을 차지하고 있다면, 이를 소진하고 배설물을 버렸을 때 질량 m_0는 운항이 진행되는 동안 크게 줄어들 것이므로 이런 고려 없이는 예상을 크게 벗어날 것임이 분명하다. 그러나 로켓 엔진을 조절하여 가속도 a를 항시 일정하게 하여 가속과 감속에서 부호만 바꾸어지게 잡아주면, 운항 시간과 궤적은 계획대로 실행될 것이므로 더 이상 그런 것에 신경 쓸 필요는 없다.

먼저 가속도 a를 지구의 중력 가속도인 $a = 950\ \mathrm{cm \cdot sec^{-2}}$의 약 1.5배 정도 되는

$$a = 1500\ \mathrm{cm \cdot sec^{-2}} \tag{27}$$

로 정하고, 운항 스케줄을 다음과 같이 잡아보자.

출항시의 추진 가속도 a를 1년 연속 유지시켜 일정 속도를 얻은 다음 엔진을 끄고, 등속운동 3년을 비상한 뒤, 역추진 감속 1년으로 우주선을 멈추게 한 다음 곧바로 기수를 돌려 지구로 향한 귀항 가속 1년, 다시 등속 운항 3년 뒤 마지막으로 역추진 감속 1년으로 지구에 안착하는 6 단계의 수순으로 나누어 단계별로 계산해 보자. 이를 위해 수식에 나오는 정수부터 미리 계산해 둔다.

$$\frac{c^2}{a} = \frac{(3 \times 10^{10})^2}{1500} = 6.0 \times 10^{17}\ \mathrm{cm}$$

$$\frac{c}{a} = \frac{3 \times 10^{10}}{1500} = 2.0 \times 10^{7}\,\mathrm{sec}$$

$$\frac{a}{c} = \frac{1500}{3 \times 10^{10}} = 5.0 \times 10^{-8}\,\mathrm{sec}^{-1}$$

$$1\text{년} = 3.1536 \times 10^{7}\,\mathrm{sec}$$

$$1\text{광년} = (3 \times 10^{10}) \times 3.1536 \times 10^{7} = 9.460 \times 10^{17}\,\mathrm{cm}$$

이 정수들을 (22), (23, (24) 식에 대입하여 우주선의 고유 시간 τ에 대한 t, x, v/c를 계산기로 찾아내면 다음과 같은 Chart가 만들어 진다.
이 계산에서 τ와 t는 초 단위, 거리 x의 단위는 cm 임을 잊어서는 안 된다.

τ (년)	t (년)	x (광년)	v/c
0	0	0	0
0.5	0.553	0.207	0.675
1	1.469	0.965	0.918
2	3.990	3.279	0.918
3	6.511	5.593	0.918
4	9.032	7.907	0.918
4.5	9.948	8.665	0.657
5	10.501	8.872	0
5.5	11.054	8.665	−0.657
6	11.970	7.907	−0.918
7	14.491	5.593	−0.918
8	17.012	3.279	−0.918
9	19.533	0.963	−0.918
9.5	20.449	0.205	−0.657
10	21.002	0.000	0.000

우주선의 운항 항로는 ct, x 평면상에 다음과 같이 그려진다.
이 그림을 보면, 10 년간의 우주여행을 마치고 귀환한 사람을, 지구에서는 21년간 기다렸다는 설명이 나온다. 여기서 우리는 우주선이 가속되는 동안 선체 내에 나타나는 중력장에 의한 고유시간의 지연은 전혀 고려되지 않았음을 부연해 둔다. 일반 상대성 이론에 의하면, 중력장이 존재하면 시간의 흐름이 느려진다. 이 경우 4 단계의 가속 기간 동안 중력에 의한 시간의 지연이 가중될 것을 고려하면 우주선의 고유 시간 경과량은 이 보다 작아질 것이다. 그러나 그 량은 이 경우 이결과를 수정해야 할 만큼 크지 않을 것이다.

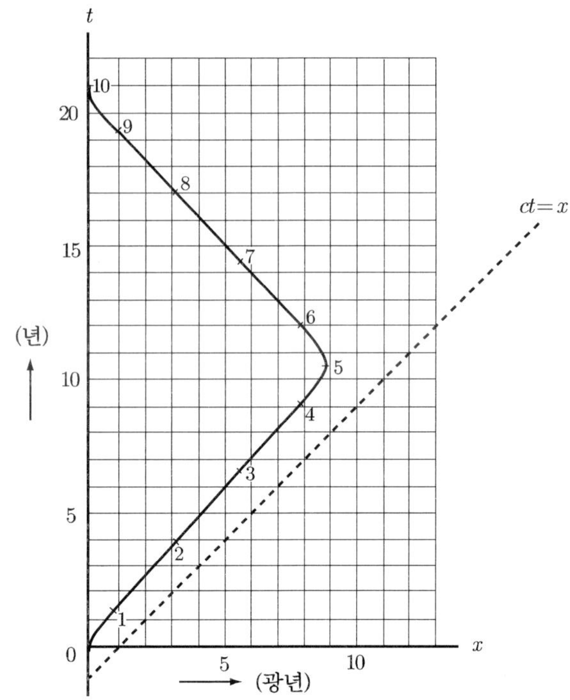

찾아보기

아인슈타인의 상대성 이론 정가 19,000원

- 2009년 1월 9일 초판 인쇄
- 2009년 1월 19일 초판 발행
- 저 자 / 이 열
- 발행자 / 우명찬 · 송 준
- 발행처 / 홍릉과학출판사
- 주 소 / 서울시 강북구 수유5동 455-60
  142-885
- 등 록 / 1976년 10월 21일 제 5-66호
- 전 화 / 999-2274~5, 996-8341, 903-7073
- 팩 스 / 905-6729

http://www.hongpub.co.kr

E-mail : hongpub@hongpub.co.kr

ISBN : 978-89-7283-728-2